虚拟社区知识共创的网络分析：
结构、机理与关系

何晓兰　著

吉林大学出版社

·长春·

图书在版编目(CIP)数据

虚拟社区知识共创的网络分析：结构、机理与关系 / 何晓兰著.— 长春：吉林大学出版社，2022.6
ISBN 978-7-5768-0054-8

Ⅰ.①虚… Ⅱ.①何… Ⅲ.①互联网络－知识管理－研究 Ⅳ.① G302

中国版本图书馆 CIP 数据核字 (2022) 第 143977 号

书　　名：虚拟社区知识共创的网络分析：结构、机理与关系
XUNI SHEQU ZHISHI GONGCHUANG DE WANGLUO FENXI：JIEGOU、JILI YU GUANXI

作　　者：何晓兰　著
策划编辑：邵宇彤
责任编辑：高珊珊
责任校对：张　驰
装帧设计：优盛文化
出版发行：吉林大学出版社
社　　址：长春市人民大街 4059 号
邮政编码：130021
发行电话：0431-89580028/29/21
网　　址：http://www.jlup.com.cn
电子邮箱：jldxcbs@sina.com
印　　刷：三河市华晨印务有限公司
成品尺寸：170mm×240mm　　16 开
印　　张：11.5
字　　数：160 千字
版　　次：2023 年 1 月第 1 版
印　　次：2023 年 1 月第 1 次
书　　号：ISBN 978-7-5768-0054-8
定　　价：68.00 元

版权所有　　翻印必究

前 言

信息与网络技术的发展，以及个人对自我认知的重视，使得人们已不再满足于只成为他人的"倾听者"，而是希望同时也能在广袤的网络空间中发声。虚拟社区恰是这一变化的产物，也是时代发展的折射。

创建虚拟社区和使用虚拟社区的目的，是传递信息、交流互动、搜索求助……在近30年的发展过程中，虚拟社区的应用场景、表达方式、受众对象不断发展、演变，显示出了它的巨大活力与吸引力。从学者们对虚拟社区的各类定义和解析中可以看到："社交"是其本质体现。由于使用虚拟社区的目的不同，故其"社交"内涵各异，可能是游戏相关群体的社交，可能是工作学习相关群体的社交，可能是企业倾听客户反馈的社交，也可能是休闲娱乐群体的社交……。

社会进步与对外界事务的好奇，促使人们对学习的渴求越来越急迫，学习内容范围越来越广泛、形式要求越来越多样，"碎片化学习""非系统化学习"已成为应对"知识老化""知识爆炸""大数据"的一种自然选择，而虚拟社区能提供相对低门槛、富娱乐的学习机会和场所。从这个角度看，被广泛接受和使用的虚拟社区是一个值得探讨和研究的对象。

本书分为两部分。第一部分为理论篇，第二部分为实践篇。

理论篇要解决的问题是：知识在虚拟社区中，如何从某个用户传递给另外的用户？在这样的"社交"过程中，知识有变化吗？怎样变化的？内在的逻辑路径和工作机理怎样？这部分的理论分析主要借助知识管理的经典分析工具：创新的SECI模型。结合虚拟社区知识创新的应用场景，本书将模型修正为"SECI-B模型",原因有二。其一,虚拟社区中的知识并非仅"堆砌"而不"改进",由于用户使用虚拟社区的目的性极强,需要用这些知识来解决自己遇到的问题,这些问题又或多或少与其他的问题有些差异,因此应用时不应照搬而需要调整"升华";其二,虚拟社区的门槛低,其中的信息量巨大,社区管理者(企业或组织)需要对这些海量信息进行增删改查、加精置顶。由此,这些知识在经过S,E,C,I过程后,还需要精炼B。

实践篇要解决的问题是:虚拟社区的"社交"是怎样影响知识在众多用户间的流动的?平台与用户的知识创新又是怎样实现的?研究的角度、方法很多,本书使用社会网络分析理论与工具进行剖析。书中以一个实际案例为基础,结合理论分析成果,先对虚拟社区用户进行知识参与角色划分,然后运用社会系统理论和社会网络理论,探讨社区网络结构下的知识交互过程,甄别"社交"过程中的关键点,即积极的知识贡献者与知识传播者、沉默的不活跃者,以此判定知识社会化S、外在化E、组合化C、内隐化I和精炼升华B过程中的网络要点,为企业或组织完善平台服务、改进并提高客户体验提供决策建议。

在本书完稿付梓的过程中,笔者既花费了大量时间、精力,"贡献"了专业知识,也学习、消化、吸收了丰富的文献专著精髓,希望借此书与其他学者交流共进,这一"SECI-B过程"也借助网络媒体在复杂的知识交互过程中得以实现。

在此感谢陈玉兴编辑,在本书出版过程中付出的极大耐心和艰辛劳动。本书的撰写参考了大量中外学者的论著、观点,在此表示衷心的感谢。

本书的出版受到四川省心理健康教育研究中心(项目编号XLJKJY1808B)、四川省应用心理学研究中心(项目编号CSXL-182015)、四川旅游发展研究中心(项目编号LYC18-14)、四川信息管理与服务研究中心(项目编号SCXX2020YB22),以及四川省哲学社会科学重点研究基地区域公共管理信息化研究中心（项目编号QGXH21-06）的资助，在此也一并表示感谢。

最后，由于本人知识和水平有限，书中难免会存在疏漏与不足，恳请广大读者批评指正。

何晓兰

目 录

第 1 部分　理论篇

第 1 章　导论 ·· 003
1.1　研究背景 ··· 004
1.2　目的与意义 ·· 008
1.3　研究现状 ··· 009
1.4　技术路线 ··· 022
1.5　小结 ··· 023

第 2 章　理论基础与研究方法 ··· 025
2.1　知识管理理论 ·· 025
2.2　社会系统理论 ·· 031
2.3　社会网络理论 ·· 033
2.4　小结 ··· 044

第 3 章　虚拟社区的知识共创机理 ·· 045
3.1　虚拟社区知识共创的系统构成 ·· 045
3.2　虚拟社区知识共创的基本逻辑 ·· 049
3.3　小结 ··· 054

第 2 部分　实践篇

第 4 章　马蜂窝旅游虚拟社区数据准备 ······································· 057
4.1　对象选取 ··· 058
4.2　属性数据 ··· 061

  4.3 网络构建 ·············· 065
  4.4 小结 ·············· 087

第5章 虚拟社区知识共创的社会网络结构分析 ·············· 089
  5.1 网络密度 ·············· 091
  5.2 中心性分析 ·············· 094
  5.3 小世界现象研究 ·············· 102
  5.4 凝聚子群分析 ·············· 109
  5.5 结构洞 ·············· 111
  5.6 小结 ·············· 115

第6章 虚拟社区知识共创的社会网络关系分析 ·············· 116
  6.1 用户属性的假设检验 ·············· 117
  6.2 相似行为群体的假设检验 ·············· 122
  6.3 社会网络关系模型的构建 ·············· 126
  6.4 小结 ·············· 134

第7章 结论 ·············· 135
  7.1 研究小结 ·············· 136
  7.2 不足与展望 ·············· 141

参考文献 ·············· 142
附录 ·············· 156
  附录1 变量、参数汇总表 ·············· 156
  附录2 采集数据的网址 ·············· 159

第1部分

理论篇

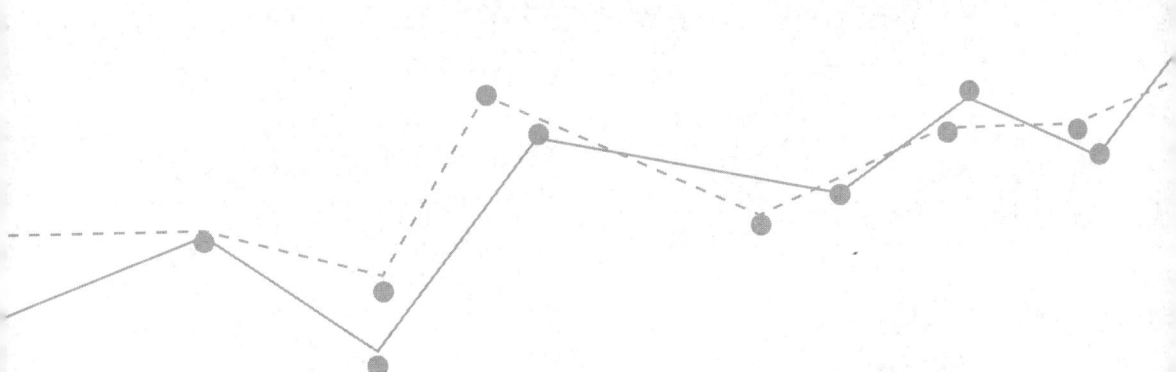

第 1 章　导论

信宿（用户）、信道（网络）、信源（信息资源）是信息运动赖以生存的三大支撑点[1]，离开了信源，用户将无法汲取交流所需信息。信源的质量，决定了信宿是否有加入其中的意愿；信源的特点，影响了信宿参与的广度和深度；信宿在充分认识信源与其自身兴趣、知识结构、需求目标吻合后，与之深度融合，既能减少信息运动的摩擦系数，也能强化和巩固信源的竞争优势。从这个角度来讲，信宿与信源在信道技术支撑下，具有先天的相互依存性。

网络技术的进步、信息扩散的加速、商业环境的巨大变化以及多元文化的兴起，催生了各种类型的虚拟社区，极大地改变了人们在日常生活、工作学习中与他人的交流沟通方式，甚至也影响到企业的销售运营、市场开拓渠道和策略。缺乏社会联系将对个人健康产生不利影响[2]。虚拟社区的发展，不但丰富了社交渠道，也变更了信息传播的路径。与传统信息技术使用不同的是，虚拟社区中需要两个或两个以上成员的协作[3]，即强调"双向行为"，因此参与行为已不再仅受个人决策影响，而是受共同意图支配。虚拟社区（信源）的发展，促使社区成员（信宿）的交流变得更加频繁和复杂。

虚拟社区作为信息化时代下兴起的一种知识组织，已经成为个人知识学习与交流，企业对组织内外知识进行管理、获取顾客知识提升服务水平的在线平台[4]。随着个人活动向互联网转移的进一步加深，线上人群也逐渐呈现出了线下人群所具有的特性[5]，即社会网络的相关特征。社会网络分析方法主要关注的就是参与者之间的关系以及参与者在网络上的嵌入性，而这也恰是虚拟社区不断发展以及个人活动向线上转移带来的新现象。

1.1 研究背景

中国互联网络发展研究报告 CNNIC 第 46 次报告统计显示：截至 2020 年 12 月，我国网民规模已达 9.89 亿，互联网普及率高达 70.4%。在"大众创新""互联网+""全民冲浪"的时代背景下，伴随着互联网 Web 2.0 技术日新月异的发展，信息运动中的信道发生了重大变化，信宿对信源的获取渠道、获取方式、获取习惯、个性需求也随之改变。

1.1.1 知识交流渠道的变化

互联网技术为人们的沟通、交往带来了革命性的颠覆，人们的工作学习、生活交往[6]，已从传统面对面线下交流的现实世界延伸至线上互动的虚拟世界。作为一种新的信息交流渠道，互联网搭建了一个自由对话、沟通无碍的平台，促进了社会各阶层的发声。互联网和信息技术的飞速发展，为知识交流方式从封闭转向开放提供了便利条件[7]。身处不同地域的人们在网络上自由交流，已不仅限于被动接受信息（如浏览、搜寻信息），更愿意主动地在网络上展现自己，通过在网络中发布信息、提供帮助而获得社会认可、提高自身价值。

随着互联网技术的革新，虚拟社区突破了时间、空间、阶层、社会的限制，成为人们自由交流的重要场所。作为一个信息密集、个人参与度极高的行业[8]，在 Web 2.0 的大背景下，休闲娱乐的重要载体——旅游也发生着质的变化。随着生活水平提高和自我意识的觉醒，人们对个性化旅游信息需求愈发强烈。天涯社区有一篇经典游记《走过美国》[9]，作者为Riverfront。自2006年9月发表第一篇文案以来，该系列引发了广大网民的热议。在传统信息传递模式下，人们只能通过大众媒体了解异国他乡的风土人情，个人也很难有成本低廉的渠道与规模巨大的群体对话，分享对旅游的认知、见闻与体验；而这篇游记的作者则以亲身经历撰写出一系列游记，展示了个人所体会到的多姿多彩的美国自然风光与社会画卷。文章没有华丽的辞藻，文笔轻松随意、贴近生活，游记中还有大量自由行攻略等知识，正是这种"草根"的、实用的个性化文案，深深地打动和吸引了网民对该游记的持续关注与支持；而作者本人也获得了超乎线下真实社会的认同和关注。受益的还不仅是作者，游记的浏览者也通过天涯社区平台及时发表自己的感受、赞美或不同观点，以此建立与作者、其他浏览者的联系，从而及时、快速地获取、分享对于该事件或其他事件的感受、认知和评判。这种及时、低廉、广泛和大众化特征，是网络技术带来的信息分享、知识交流的巨大红利。

在网络时代背景下，企业、组织面对的不仅是独立的消费者个体，还需要关注消费者所归属的"网络社群"，关注在网络空间中消费者的认知、态度和行为特征的变化。网民已不单纯是各大网站、平台发布信息的被动接收者、围观者，他们还兼具了线上渠道（如论坛／BBS、微博、Wiki、QQ等网络应用）的主动参与者、个性化信息生产者、话题发起者等多重角色。社交媒体平台及用户生成内容（user generated content，UGC）改变了人们传统的消费决策行为和对产品、服务、事件的感知[10]，社交媒体对参与者知识交流行为的作用机制正受到越来越多的关注[11]。

互联网的交互、开放、共享等特性，使得知识和信息可以瞬间传递到世界各个角落，传统社区的地域边界被打破，拥有共同兴趣和目标，并乐于通过网络进行信息交流和分享的个体得以在网络上聚集[12]，这已成为一种趋势和现实。

1.1.2　知识获得习惯的变化

传统交流模式下，网络技术的不发达往往固化了个人或组织获取知识的习惯：从线下获取。线上交流促使信息得到更快、更广的传播，也加快了知识的转移和创新，知识获取习惯悄然发生着改变。

1. 个体角度

在 Web 2.0 时代，用户不仅通过网络学习知识，还通过网络创造和传播知识[13]。虚拟社区就是用户进行学习与传播的平台。

由于具有信息传播的及时性、完整性与个性化优点[14]，虚拟社区吸引了大量成员加入。当活跃参与、高频发声能抢占社区"中心位置"，从而获得信息资源和话语权优势[15]时，那些积极为其他参与者提供信息和建议、对其他成员产生决策影响的成员就可能成为"意见领袖"（opinion leader），他们不仅把控着信息的传播进度，甚至影响着他人的态度和价值判断。在此过程中，信息发布者与信息接收者之间的互动联结构成了多样的、动态的、繁杂的关系网络，提升了社区知识共享的价值[16]。网络行动者之间的这种互动"社交"，改变了参与者信息传递、服务供需或者知识流通的习惯。

知识传播及共享是知识共创的前提，知识创新的源泉包括知识的多元衍生[17]。虚拟网络社区中知识飞速增长和多元化分布直接加剧了异质知识的碰撞，激发了网络社区中知识共创的动力[18]。网络社区参与者在激发动力的过程中形成了多元身份，既是知识的消费者，又是知识的创造者，还可能是知识的转发者。知识传播的目的是把知识通过网络进行扩散，而知识创造的目的则是通过网络汇集各领域人才，形成网络的知识资本，通过同质性知识的融合及异质性知识的碰撞，在原有知识基础上，创造出更多新的知识[19]。知识创造的过程是运用各个领域的知识，通过融合而创造出新的知识，形成知识共创的多元化。这些异质性、多元化新知识在虚拟网络中持续并自由地演变发展，形成更新的知识，这种过程称为知识共创。

2. 企业、组织角度

在动态性日益加剧的市场环境中,消费者多样性、个性化需求增加,企业完全依靠自身的创新能力获得竞争优势越发困难。知识作为关键性的战略资源和竞争要素,其创造难度和创新风险也在不断增大,单个企业往往难以独自承担知识创造的重任。在创新思维引领下,基于虚拟网络社区获取外部创新资源已成为当前企业实施创新驱动发展战略的新常态[20]。识别和充分挖掘具备创新能力的客户、开发并有效管理客户的知识资源,已成为企业通过虚拟社区获取创新优势的常规手段。

随着社会化媒体的普及和迅速发展,企业意识到了虚拟社区在增强品牌与消费者联系、获取消费者使用经验与有益建议等方面的重要性[21]。消费者的知识作为企业创新的来源已得到实践验证。为此,越来越多的企业自建品牌虚拟社区,或通过扶持消费者组建虚拟社区,或利用专业媒体平台辅助运营等方式,管理消费者的知识贡献,与虚拟品牌社区中的顾客进行知识共创。虚拟品牌社区逐渐成为企业战略性的营销资源。这种顾客在线参与创新的方式能有效提升产品或服务创新绩效,为企业和顾客同时创造出更多的价值。通用公司不但借助 Facebook 帮助其维护和运营虚拟品牌社区,同时也自建虚拟社区,多渠道占领网络资源,以便更广泛、多维度、更及时地获取消费者反馈,为产品研发与改进提供智力支持。宝洁公司、戴尔股份有限公司等众多企业通过建立自己的用户社区来收集消费者意见和创意,关注用户间讨论和互评,并与消费者一道,从中产生和提炼产品创新的构思,培养用户的品牌忠诚度[22]。穷游网、马蜂窝等旅游主题虚拟社区吸引了大量旅游爱好者,他们围绕"旅游"相关话题分享各自的体验与感受,群体间的互动伴随着大量的信息交换、情感交流,潜移默化地影响着成员的认知、情感和行为,对企业的声誉、顾客体验乃至企业盈利能力等产生了显著影响。

1.2　目的与意义

虚拟社区的存在和发展，以参与者的兴趣和需求为依托，当虚拟社区无法提供或不足以提供较之其他类似社区更突出的信息、知识供应时，参与者的需求无法在浏览、点击、使用过程中得到满足，将导致用户群体的流失，虚拟社区也将因失去关注而被逐渐遗弃，丧失其价值。

对于虚拟社区的一个重要争论在于：虚拟社区的现实意义何在？对于这个问题，有学者[23]认为，"虚拟社区将电视创造的'沙发土豆'变成了'鼠标土豆'"，都是与现实生活相隔离的交流。但实践中的经验却提供了这样一种认识：虚拟社区的价值体现在参与者和市场共同的认识上，这种认同感能产生收益。那么，虚拟社区的价值是如何实现的呢？

虚拟社区创造了社会资本，通过一段时间的群体交流，最终在虚拟社区中形成一种社会人际关系；这种关系，使人们主动聚集在一起，通过网络这一"另类空间"的交流互动，满足了人类的基本交往需求和情感需求，包括"兴趣、幻想、人际关系以及交易"[24]。由此，虚拟社区的价值得以体现。

1.2.1　研究目的

本书以虚拟社区情境下旅游"问答"社区中参与成员个人认知子系统、虚拟社区社会子系统的知识交流与创造为研究背景，通过剖析两个子系统间知识交流的网络结构，旨在探讨社交媒体背景下参与成员与社区平台知识共创的内在机理，寻找影响因素，构建知识创造过程模型；运用知识管理理论、社会系统理论和社会网络工具进行分析，对虚拟社区中知识共创的角色进行分类与识别，为企业利用社交媒体进行知识创造、用户利用社交媒体降低信息搜寻成本提供决策参考。

1.2.2 研究意义

在社交媒体快速发展的背景下,企业或组织利用社交媒体进行知识管理,可以更充分地使用成员知识,拓宽创新途径,提升其知识管理水平。本书对社交媒体背景下的"问答"社区知识创造问题进行了较为深入、细致的探讨,着重强调了多重系统作用下参与者角色的划分对虚拟社区知识共创的价值;通过对社区知识共创网络结构的分析,探究不同角色对系统知识的贡献;通过对网络关系的分析,确认影响系统知识共创的重要因素。这种从单点结构到关联关系的分析方法,为知识管理、知识创造的研究提供了新的视角。本书的研究结论与成果,不但有助于企业高效地管理社区庞大的知识储备,对成员进行精准管理,降低管理成本,还有利于帮助虚拟社区参与者,减少搜寻成本、获取更舒适的使用体验;同时,本书也可作为社会网络分析的一个完整案例供读者交流学习。

1.3 研究现状

与本书研究相关的研究领域主要包括虚拟社区研究、知识管理研究。

1.3.1 虚拟社区

莱因戈德(H.Rheingold)于1993年首次提出了"虚拟社区"(virtual community)的概念[25]。他对虚拟社区的界定是:借助计算机网络沟通的一群人,以互联网技术平台作为依托,通过长期的网络人际互动,以及充足人类情感逐渐形成的新型社会关系集合体,并呈现出虚拟媒介、共同体、网络空间的特征[25]。

1. 概念界定

"虚拟社区"这一称谓,国外交替使用如online community(在线社区)、electronic community（电子社区）、computer-media community（计算机媒体社区）、web community（网页社区）、social community（社交媒体）等不同名称；国内学者则把"在线社区""网上社区""网络社区""虚拟社群"等视同"虚拟社区"[26]。

20世纪90年代初，一个名为"开放日记"（Open Diary）的社交网站因把在线日记作家汇集到了一起，从而形成了第一个社交媒体[27]，这便是虚拟社区的雏形。

要使用术语首先需对其进行概念界定。国内外学者从不同视角对虚拟社区的内涵进行了阐述。从系统角度出发，普里斯（J.Preece）[28]、布兰顿（R. Plant）[29]等认为，虚拟社区是由人、相同目标、电子媒介共同组成的有机系统，基于相似兴趣或目标，成员通过不受时间空间限制的网络媒介"聚集"在一起交流、互动，围绕感兴趣的话题或某种需求进行在线交流。莱茵戈德[25]、巴拉苏布曼尼（S. Balasubramanian）[30]等学者认为，虚拟社区成员在网络虚拟空间进行讨论，因此发展了由参与者关系构建的公共空间，成员在网络空间环境下、在一定的交流边界内通过频繁接触形成的一种社会关系。琼斯（Q.Jones）、拉菲利（S.Rafaeli）[31]等学者则特别强调成员交流所需的现代技术，特别是通信网络技术。国内学者周德民[32]把虚拟社区定义为，"以现代信息技术为依托，在互联网上形成的由相互间联系相对密切的人组成的虚拟共同体"。裘涵等学者[33]认为，除了网络技术，社会性软件也是虚拟社区的重要技术组成部分，这样的有一定界限的网络能满足成员的共同兴趣、喜好、经验、认识，有助于人们的交流与协作。毕雨等[34]认为虚拟社区是基于相同爱好和兴趣而组建的，成员利用业余时间在通信网络上交流、聚集，是一种特殊的虚拟组织。徐世甫[35]则认为虚拟社区是"以网络为基础、互动为动力，拥有相同或相似价值观的拟像化为数字符号集合体的公众通过精神再生产所生成的公共领域"。

人们赋予虚拟社区不同含义的主要目的，在于阐释网络社会的内在机理：线上交往的空间（虚拟社区）是如何依托于它的现实生活空间（网络化社区），构成全新的社会生活环境模式的[1]。

各种视角之下对虚拟社区的界定，本质上并无大的差别[36]。基于前人的研究，本书将虚拟社区定义为：基于共同的兴趣或目标，人们以计算机为媒介，借助网络技术开展信息交换和知识交流等网络互动活动，逐渐形成的价值趋同、互助互补人际关系的社会网络空间。

2. 虚拟社区特征

无论对虚拟社区的界定侧重点如何，各类"虚拟社区"都具有一些共同特征。

虚拟社区，是一种由地理上分散分布的、相对稀疏的动态联系构成的关系网络[37]。虚拟社区注重个人层面的价值（self-discovery value）提升，即参与者的个人目的性极强。个人层面的目的可以分为两类[37]：获取和提供。参与者希望从虚拟社区中获得解决个人问题的办法、工具、有效内容，也希望获得社会认可，或者向社区中其他参与者提供所需的解决方案。虚拟社区的社会场景，包括特定的邮件列表（成员围绕感兴趣的特定主题组织专门的邮件列表，一个成员发布的主题信息会发送给所有成员），如订购了"迪士尼"俱乐部的成员都能收到俱乐部的资讯；公司产品发布的公告牌，这种公告牌一般由企业赞助；新闻组，如将有关某主题的新闻（Linux爱好组、游戏口袋妖怪、汽车品牌）等作为关注点。在这种虚拟社区中，成员每次都与不同的其他参与者进行互动，其交互对象既没有固定，更没有限定。

在莱因戈德对虚拟社区的界定中，提到了虚拟社区构建的重要特征：交流和情感。成员对社区的归属感和认同感，是虚拟社区被称为"社区"的关键。学者们[38]普遍认可虚拟社区的主要构成要素为群体及交流、网络虚拟空间与共同目标。其中，活动是在网络虚拟空间中进行的，这与传统社区活动相区别，琼斯和拉菲利[31]强调网络空间对于参与者交互的重要性，为此采用"虚拟公众场所"（virtual pubic）来替代"虚拟社区"；交流的公共话题，是由参与者共同产生的，而群体间交流的频率和效率决定着虚拟社区是否具有可持续发展活力。哈格尔等学者[24]认为，虚拟社区的数据、信息、分享内容、情感表达等均来自虚拟社区成员的讨论，这是虚拟社区与在线信息服务相区别的主要特征。黑塞（B.Hesse）[39]则强调虚拟社区交流的是信息而非物品。

与"虚拟社区"对应的是"现实社区""线下社区"。后者具有清晰的地理边界（如某个城市、以某个地点为核心的区域等）、一定规模的参与者（一般而言，参与者数量由于地域限制而具有限定的规模），成员身份一般是真实的，有特定的社区文化，以及需要共同遵守的法律规范，每个社区都集中反映了这个社区的社会群体或组织之间的关系、形成方式等文化特征。同现实社区一样，虚拟社区也包含了一定的场所、一定的人群、相应的组织、社区成员参与和一些相同的兴趣、文化等特质，但交流的场所载体为网络空间；而信息交流手段，如线上聊天、讨论、通信等，是虚拟社区不同于现实社区的重要特征。在虚拟社区中，群体成员之间存在不同的关系，扮演着不同的角色，同样需要遵循一定的社会契约。由此可以看出，"虚拟社区与现实社区都具有社会互动的联系纽带和文化的特征、相互影响的关系网络与共同的价值观的习俗"[1]。

虚拟社区有其独特属性。①虚拟性。虚拟性是虚拟社区的本质特征[40]。网络用户一般采取匿名方式交流，由此隐藏自己在现实生活中的真实身份，甚至在网络中扮演与现实身份截然不同的角色。②开放性[1]。对虚拟社区主题感兴趣的人都可以自愿加入社区，也可随时退出，几乎没有限制，甚至可以多次加入、退出。虚拟社区的参与一般没有门槛。③跨地域性。虚拟社区由于一般不设加入条件，因此对于参与者的地域没有限制，人们可以在一种或多种熟悉的语境下，与世界各地的人进行交流。

虚拟社区是建立在 Web 2.0 和用户内容生成技术基础之上的、基于互联网的交流方式。虚拟社区有两个关键组成要素[27]：社交存在感（social presence）和社交过程（social processes）。社交存在感越强，社区成员对彼此行为的影响就越大；社交存在感受媒体的丰富性（richness）和即时性（immediacy）的影响。由于任何交流都以解决模糊性和减少不确定性为目标，因此社区所拥有的信息资源、交流方式的丰富程度不但影响传播的信息量，也影响传播的效率。自我呈现（self-presentation）是社交过程的展现方式，这种表达过程既可能是有意识的也可能是无意的，既可能发生在与陌生人的交流过程中，也可能发生在与熟人之间的沟通中。

3. 虚拟社区分类

对虚拟社区的分类，包括对社区本身的类别判断和对社区成员的类型甄别。

（1）虚拟社区依据使用的目的、研究重点等不同被划分成各种类型。研究者们从各自学科领域，对虚拟社区进行了分类研究。表1-1汇总了部分学者的观点。

表1-1　虚拟社区分类

学者	虚拟社区的类型
阿姆斯壮（A.Armstrong）等[41]	基于人们需求的差异性，从社会学角度分为：兴趣型（interest）、交流型（transaction）、幻想型（fantasy）、关系型（relationship building）
安德里亚斯（M.Andreas），卡普兰（A. Kaplan）[27]	依据自我呈现的差异，分为六类：博客、社交网络（如Facebook）、联合项目（如维基百科）、内容社区（如YouTube）、虚拟游戏社区（如魔兽世界）、虚拟社区
琼斯（Q.Jones）等[42]	依据交流的具体形式，分为：电子布告栏系统（bulletin board system，简称BBS）、网上贴吧、基于"群"的即时通信（如多人聊天室，Facebook，Twitter，微信群，QQ群）、博客群（其中包括微博群）、电子邮件群
巴生（M.Klang）等[43]	依据组织经营和盈利性二维特征，分为四类：论坛式虚拟社区、商店式虚拟社区、俱乐部式虚拟社区和集市式虚拟社区
多拉凯亚（U.Dholakia）等[37]	依据社区场景，分为网络基础社区和小群体虚拟社区

续 表

学者	虚拟社区的类型
舒伯特（P. Schubert）等[44]	依据参与者兴趣，分为闲暇社区、研究性社区、企业社区
李（H.M. Li）[45]	根据互动时长，分为同步虚拟社区、异步虚拟社区
周刚等[46]	依据交易性质，分为两类：交易型、非交易型
付丽丽[47]	关系型虚拟社区划分为基于虚拟关系和基于现实关系两种类型
范晓屏[48]	根据交易与否，分为交易型虚拟社区和非交易型虚拟社区

尽管依据的不同导致了分类结果不尽相同，但对虚拟社区的研究，学者们的关注点主要集中在社区本身、用户行为以及社区绩效三方面[4]。其中，对用户行为的研究是该领域的热点，如电子口碑对消费者的影响、消费者购买行为影响因素、成员知识分享等。企业可以通过虚拟社区与用户的互动，了解用户、获得用户知识，实现与用户的共创价值，个体也可以通过社区找到并习得自己感兴趣的知识。

（2）参与者是虚拟社区维持运行的关键。由于参与的初衷不同，用户在虚拟社区中所扮演的角色也不尽相同。学者们从不同视角对虚拟社区的用户角色进行了研究。对部分学者的观点进行汇总形成表1-2。

表1-2　虚拟社区成员分类

学者	虚拟社区参与成员类型
阿姆斯壮等[41]	依据用户的参与度，分为浏览者、潜水者、贡献者和购买者
卡兹列特（R.Kozinets）[49]	依据对话题的兴趣与其社区角色的关系，分为游客、社交者、热衷者和内部知情者
维瑟尔（H.WeLser）等[50]	依据对项目的协作行为，分为技术编辑、破坏行为纠正者、社交连接者

续 表

学者	虚拟社区参与成员类型
加沙（R.Gazan）[51]	根据互动情况，将提问者分为信息搜寻者和信息怠惰者。将回答者分为专家型回答者和普通回答者
普里斯（J.Preece）[52]	依据社会参与方式，分为读者、贡献者、合作者和领导者
诺恩（S.Loane）等[53]	依据信息参与行为，分为信息搜索者、信息提供者
王（Wang）等[54]	依据成员的重要性，分为博客和普通博客
托拉（S.Toral）等[55]	依据成员重要性，分为外围用户、正式成员、核心成员
刘伟等[56]	从参与的近度、频度和值度三个维度，分为沉没成员、浏览者和重要成员
毛波等[57]	根据成员对社区整体知识形成和共享过程贡献程度，分为领袖、呼应者、浏览者、共享者和学习者
雷雪等[58]	依据知识共享参与和互动程度，分为成员领袖、呼应者、经验和意见分享者、信息询问者、浏览者、干扰者
王东[59]	依据参与态度和水平差异，分为思想领袖、呼应者、浏览者、共享者、学习者、评价者

可以看出，虚拟社区成员的类别虽然繁多，但可概括为两类：积极成员、普通成员。积极成员是指在虚拟社区中行为主动、交流频繁的参与者，他们往往提供了虚拟社区所需的大量知识、帮助和服务，是虚拟社区中不可缺少的活跃分子。普通成员是指在虚拟社区中保持"沉默"、不主动参与或较少参加社区事务的"不活跃"群体，一般数量巨大，他们虽然很少做出"贡献"，但若能对其进行激励、转换其角色，则可成为虚拟社区的重要知识储备力量。

4. 旅游虚拟社区研究

作为虚拟社区的细分类型，旅游虚拟社区（tourism virtual community）是以旅游为主题、成员在线聚集而成的虚拟社会空间[60]。社区成员主要分享游记、旅游攻略、景点资讯，为其他人提供旅游出行帮助，搜索旅游信息等。

随着网络技术的快速发展，一批全球知名的旅游虚拟社区脱颖而出，Tripadvisor是最具代表性的虚拟社区之一。旅游虚拟社区不仅引起了旅游营销组织的兴趣，更得到了学术界的广泛关注。2008年，加拿大旅游网络营销会议上，旅游目的地营销、饭店品牌等多个组织共同提出加快旅游虚拟社区建设的提议；2009年第17届欧洲信息系统会议（ECIS）、2010年澳大利亚社会学年会上，旅游虚拟社区均被作为重要会议主题，而且参会人员就其展开学术交流与探讨。国内学术界一般将旅游虚拟社区划分为三类：一是专业旅游板块，如天涯社区、猫扑大杂烩等网络社区开辟的旅游板块；二是运营商运营的旅游网站论坛，如携程、艺龙、华夏旅游网等；三是平台企业运营的旅游论坛，如搜狐、新浪、网易等专设的旅游板块。旅游虚拟社区主要有四种功能：旅游信息资源发布功能、旅游咨询功能、旅游组织功能以及旅游产品营销功能。

信息的不对称，导致旅游者在选择、决策、交易过程中往往需要借助各种途径尽可能获取足够的信息以提高旅游体验[55]。"高互动性、交流便捷性、跨时空特性"促成了旅游业与虚拟社区的对接，彻底颠覆了传统旅游信息获取方式[61]，打造出一大批全球知名的旅游虚拟社区，如virtualtourist.com（虚拟旅游网）、Airbnb（爱彼迎）、马蜂窝等。参与成员基于共同的旅游兴趣、爱好或相似的旅游经历加入旅游虚拟社区[62]，出于某些动机撰写评论（如帮助旅游服务运营商改进服务、获取其他旅游者关注、享乐和自我提升、抱怨发泄等目的），扮演着一个个"富有不同符号意义和情感的角色"[63]。伴随着在虚拟社区中的参与行为（如主帖发布即发起一个话题、跟帖即对主帖进行评论与回复、回复他人问题等），旅游者获得并遵循"虚拟社区网络社群的文化规范、特殊词汇和概念知识"，并认识了"其他社群成员的身份"，成员间的互动过程由此展开。社区参与者由消极的、被动的信息接收者，转变为积极的、主动的信息传播者、分享者，众多的信息传播者与信息接收者之间的联结互动构成了有向的、动态的、复杂的关系网络[64]。在此交互关系网络中，旅游信息共享的价值被虚拟社区"放大了"[16]，这既满足了旅游者多样化及个性化的信息需求，对其相应的认知行为产生影响，这种影响甚至作用于其旅游决策、旅游行为与体验反馈的全过程[65]；同时也丰富了虚拟社区的知识宝库，使其在竞争中储备了"知识财富"。

社区规模、结构等特征对虚拟社区发展有重要影响。研究发现：社区网络结构特征对社区的发展有着显著影响[66]。其中，虚拟社区网络密度将直接作用于参与成员之间的交互关系，密度越高，成员联系就越紧密、互动也越频繁，成员间因此而共享更多的消费经验和情感分享[67]；虚拟社区网络的中心性的改变将影响整个社区的信息传播效率[68]；网络结构也可通过对个体间的知识交流合作与资源的获取的调整影响网络的整体能力，甚至决定了信息传播的路径、成员关系的连接以及社区联结强度[69]，网络结构的差异也将导致参与个体影响力的改变[70]；其他如个体中心度、互动情况、网络嵌入性等网络结构特征对参与成员的绩效也有着显著正向影响[71]。因此，网络特征成为认识与理解旅游虚拟社区发展演化、知识流转的关键因素。

但是，现有旅游虚拟社区网络建构与发展的相关文献大多是将数据进行集合、叠加分析，以发现单一的共时性、截面式的静态网络特征，缺乏对网络动态性的关注与历时性的网络时空演化研究。研究对象中的行动者数目较为有限，掩盖了不同时间序列的成员关系变化情况，尚未就参与个体在网络关系变化中隐含的意义进行分析，无法探测到网络结构的演化过程，对于旅游虚拟社区网络动态构建的机理、演变过程影响因素等内容也需进一步挖掘和探索。

鉴于此，本书以马蜂窝网为例，借助社会网络分析方法探究旅游虚拟社区网络的空间结构和知识传播过程，一方面可以直观、形象地展示旅游虚拟社区网络知识的演变情况，有助于揭示隐含的网络关系、信息传播途径，理解网络的空间结构特征；另一方面，可以从网络实质属性上掌握网络演化趋势和参与者行为动向，以期为旅游虚拟社区的旅游者行为引导、旅游营销及可持续发展等提供研究参考。

1.3.2 知识管理

美国学者德鲁克（P. Drucker）曾经指出："知识会成为真正的资本与首要财富。"[72] 美国《财富》杂志在1998年发表了关于迎接知识到来的文章，正式提出"知识管理通过知识共享、集体的智慧来提高应变能力和创新能力"。

知识管理是在知识经济发展的大背景下产生的，以企业竞争力的提升、获取可持续发展为目标。知识管理更多的是来源于企业的管理实践和经验，从中提取精华和创意，再将改进的方法应用于企业。美国管理学者德鲁克和日本管理学者野中郁次郎（Ikujiro Nonaka）是被广泛认可的知识管理界代表性人物。德鲁克[72]从管理的角度，提出21世纪最大的管理挑战是如何提高知识工人（knowledge worker）的劳动生产率，认为具有知识的人是一种宝贵的资源。野中郁次郎[73]从知识本身的角度，将其分为显性与隐性知识，提出了著名的知识创造转换SCEI模式。阿拉雅（Alavi）[74]通过流程观阐述了四个最基本的知识管理流程：知识创造、知识储存（撷取）、知识转换、知识应用。

我国学者应力[75]的基本观点是，知识管理是一种有组织的、为实现特定利益而进行的活动，是将企业知识系统动态化、有序化的过程。李勇[76]认为，知识管理是企业通过有计划、有目的地构建企业内部知识网络进行内部学习，构建企业外部知识网络进行外部学习，有效地实现显性知识和隐性知识的互相转换，并在转换过程中创造、运用、积累和扩散知识，从而最终提高企业的学习能力、应变能力和创新能力的系统过程。盛小平[77]认为，知识管理体系应当包括知识的生产管理、知识的组织管理、知识的传播管理、知识的营销管理、知识的应用管理以及人力资源管理。朱晓峰[78]则认为，知识管理由知识管理的基本设施、知识管理和核心业务的结合、知识管理的具体工具、知识获取和检索、知识的传播、知识的共享以及知识管理测评六个方面的内容构成。佟泽华等[79]研究了动态环境下，企业知识集成受到的外部影响因素，揭示了由于受"外部扰动"的影响企业知识集成状态发生变化的规律。

知识管理（knowledge management）是以知识为对象，使知识在贡献分享、交流传播、整合处理与吸纳的运用过程中，提升组织各成员竞争力的管理过程[80]。知识管理的主要流程如图1-1所示。

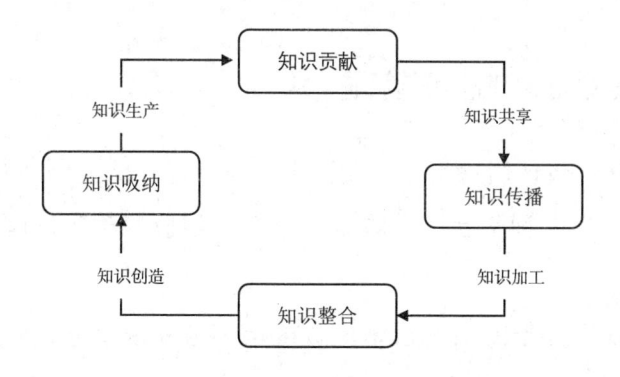

图1-1 知识管理主要流程

知识管理是一个动态的过程[81]。①知识贡献即将自身的知识储备传递、扩散出去。知识贡献源于知识生产。知识生产是指个人或组织更新原有知识的过程。②知识传播源于对贡献的知识进行分享。知识共享是成员间知识的交流与互动过程。③知识整合源于对共享后的知识进行的加工。知识加工是对知识进行筛选整理、归纳总结的过程。④知识吸纳，即对知识的消化吸收，是个体通过搜索主动获取外界的知识资源，并结合自身能力对知识的消化过程，是在对整合后的信息"去粗取精""去伪存真"基础上，对自有知识进行创造后的成果的吸收与内化。知识吸纳后，将被运用、融合到实践中去，创造具有更大价值的知识。知识管理的流程是一个循环往复的过程，没有起点，更不会有终点，个人或组织在这一循环上升的过程中，丰富扩展、更新淘汰既有知识，不断积累经验和知识财富[82]。

知识的有效性是知识管理的基础。这一问题包括知识本身的质量、知识传播的通畅性。前者涉及知识贡献者的水平、能力、规模等，也涉及知识创造的成果评估；对于后者，因为知识传播、共享在很大程度上依赖组织的联系，因而需要考虑组织的社会关系网络结构。可见，社会网络在探讨知识管理上极为重要。社会网络分析不但可以用于探讨网络中人与人之间互动的影响力，还可以剖析处于网络中不同位置的成员对知识资源的控制力。

1.3.3 虚拟社区的知识管理

在 Web 2.0 时代，用户不仅接受网上知识，还在网上创造和传播知识。虚拟社区就是这样一种平台：它既是一个知识创造的舞台，也是一个知识共享的空间。

虚拟社区知识共享的实现通常依赖成员参与社区事务，如发帖、回帖等活动。虚拟社区的知识共享包括两个方面[36]：一是由社区成员间的发帖、回帖、顶赞等行为引起的知识转移和经验共享；二是社区成员提出的建议或意见被社区平台整理、筛选、加工后存入社区数据库，其他成员再从数据库中获取所需知识。

虚拟社区中个体参与知识贡献的影响因素主要包括信息技术、社会资本、虚拟呈现、社会交换、公正和信任等，以及用户贡献内容的扩散传播、影响和绩效、声誉的提升与获得收益[83]。虚拟社区成员持续参与进行知识贡献的后续行为即知识创新。列托（C.Lett）等[84]从动机因素、能力因素和环境因素三个方面来概括用户创新的原因和条件。董艳等[85]认为，创新意愿、创新能力、代理成本、制造商支持、项目复杂度和信息黏性是用户创新的六个条件。刘洪民等[86]基于协同创新的视角，认为创新知识特性因素、用户本身、协同主体间的互动因素、协同创新界面管理效率是影响用户创新转化的四种关键因素。"企业—顾客在线互动、知识共创与新产品开发绩效"的关系模型论证了共创的价值,它能有效提升企业新产品开发能力,快速响应顾客需求,对顾客满意和顾客忠诚有积极作用[87]。知识共创的良性循环,还能增加企业知识的独特性和不可模仿性,并成为企业自我提升价值的潜在源泉[88]。相关实践研究成果明表,企业可以通过互联网获取外部知识资源进行创新。例如,美国哈雷公司从其赞助的哈雷机车车主虚拟社区中,广泛汲取客户对产品的改进意见、新品创意[37];小米科技有限责任公司(简称:小米)将小米品牌社区的用户知识作为其创新的重要来源[89];海尔集团通过组建各类虚拟社区,将社会群体的知识或智慧引入企业创新体系,让需求与技术无缝对接,成效显著[90]。

虚拟社区利用各种信息技术进行知识管理,包括博客、Wiki、论坛、聊天室和问答系统[91],公众信息需求呈现出个性化及多样化特征,在此影响下,知识共享活动受个人兴趣的驱使。虚拟社区作为一种受兴趣驱动而形成的知识共享网络活动空间[92],其具有虚拟性、跨地域性、自组织性等特征[36],为公众共享和获取相关知识提供了便捷平台。但迪克逊(N.Dixon)[93]也指出,"build it and they will come"(构建它,他们就会来)并不是知识共享的真理。首先,由于缺乏线下交流,虚拟社区成员之间的关系不可避免地比传统线下组织更脆弱[94]。这些弱联系阻碍了成员自愿参与的热情,因此不能激励个人分享知识[95]。其次,若没有分享的动机,分享也就不能持续。一方面,参与者害怕失去知识的优势和所有权[96];另一方面,即使人们愿意分享,也会因此花费相当大的编写努力[97]。因此,缺乏持续成员的参与将威胁虚拟社区的长期发展[98]。为构建长效机制,需要虚拟社区子系统之间相互耦合,推动虚拟社区知识共享的实现[36],促进虚拟社区的可持续发展。

旅游虚拟社区的知识交流具有一般虚拟社区的共性,也有着旅游相关资讯交流的个性。共性在于其社区成员以共同的兴趣为基础互动、交流;

个性在于其交流的主题有一定的范畴限制，并不是一般意义上的信息、数据、知识，而是依据自身旅游体验与感知生成的，有一定可模仿性、可操作性、具有个性认可美感的旅游知识。为避免利用一次事件产生的知识传播路径可能为研究带来的随机性和不连续性[99]，本书以马蜂窝"问答"社区的长期数据为基础，研究和揭示在较长时间下，知识的传播在带有"普适"意义的前提下，虚拟社区网络中参与者的知识传播链、传播路径，以及可能产生的知识共创过程。

目前，研究界对于旅游虚拟社区知识共享研究也有丰富的研究成果。知识共享，既是虚拟社区持续发展的重要基础，也是成员参与的主要动力。随着越来越多的游客使用网络方式交换信息，旅游虚拟社区作为知识共享平台，能够使用户与企业、用户与用户建立联系、分享和互动，如产品评论、旅游趋势探讨、餐厅和酒店评论以及旅游博客发表等。在这个平台上，用户能够进行协作，并为开发、评论旅游相关体验（景观体验、餐饮服务体验等）做出贡献。在虚拟社区知识共享研究中，有的学者从社会网络中心性、网络社会资本、社会认知等方面进行研究，有的从社会感知、信任、满意等角度进行研究，有的从社会习惯方面进行研究，有的从成员性格、成员在社区中的地位等角度进行研究。研究表明，在虚拟社区有较强主导地位的成员更愿意进行知识共享，对虚拟社区具有较强归属感的人更愿意参与社区活动。旅游虚拟社区成员的积极参与能增强其归属感，从而使其表现出积极的成员行为。旅游虚拟社区成员知识共享行为的三个前因变量为：旅游参与、社区利益、成员参与时间。

1.4 技术路线

根据研究目的，结合相关理论，本书的技术路线如图1-2所示。

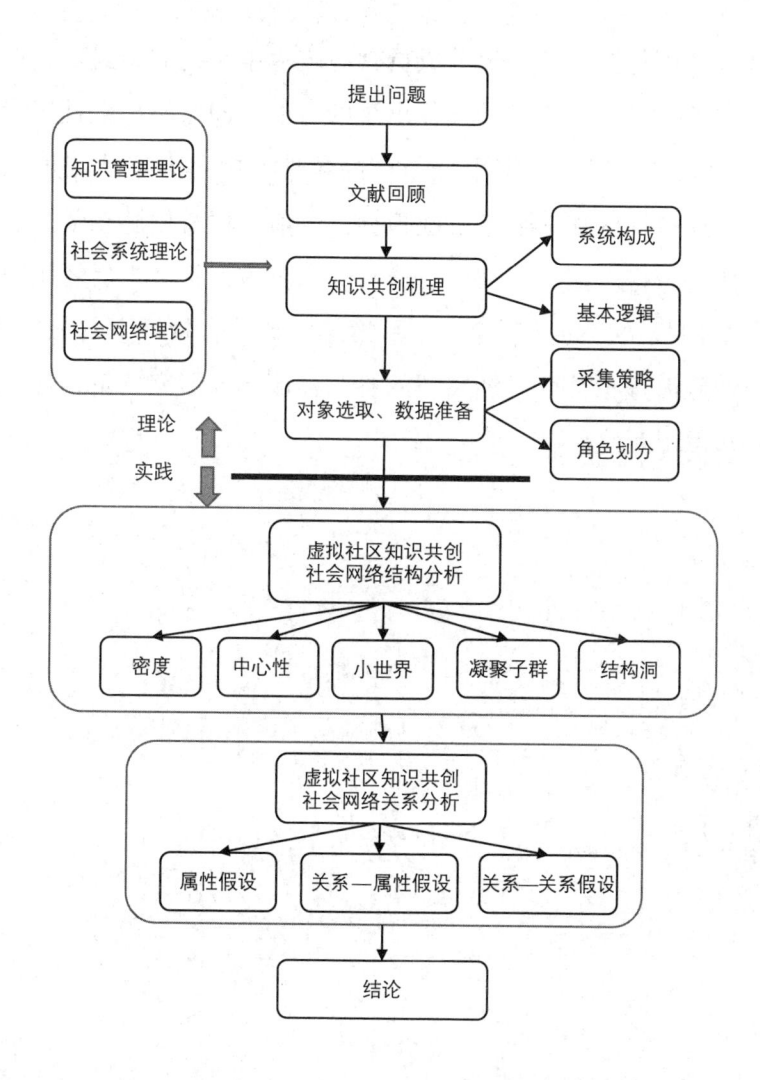

图 1-2 技术路线

1.5 小结

旅游虚拟社区作为一种以旅行为主题的虚拟社区，除了具有一般虚拟社区的基本特性外，还具有自身的特点。在旅游虚拟社区中，成员之间的话题主要围绕"旅行"展开；部分成员具有较为丰富的旅行经历，存在通过线上交流伴随线下进一步互动结伴出游的可能，即旅游虚拟社区存在线上线下同步发展的情况。根据服务与产品特性，旅游虚拟社区可分为两类：专业旅游虚拟社区和综合旅游虚拟社区。前者仅就旅游相关信息进行探讨，如驴妈妈、穷游网、携程、马蜂窝等旅游虚拟社区；后者围绕旅游主题开设了专门板块，如天涯论坛、百度等大型综合社区下的旅游板块。本书以专业的旅游虚拟社区马蜂窝"问答"社区作为研究场景，探讨社区网络结构对知识创新的影响。

第 2 章　理论基础与研究方法

本章为全书的理论基础部分，是研究的理论支撑所在。根据写作内容和目的，本章的结构安排如下。一是知识管理基本理论的介绍和梳理，包括创新的 SECI 模型、知识共创理论。这是作为后续研究中成员分类以及成员知识贡献、吸纳、传播分析的理论基础。二是社会系统理论介绍，这部分是后续研究所需的系统分类与建构的理论基础。三是社会网络理论和分析工具，既是研究方法的理论指导，也是数据处理的技术手段。

2.1　知识管理理论

知识管理是 20 世纪 90 年代中期以后出现的一种新的管理形式，是在知识经济大发展的背景下应运而生的全新的管理理论与管理方法[79]。运用集体的智慧，共享知识，提高组织的创新能力。知识管理的主要内容包括获取与存储、编码、传播与共享、应用与创新。知识管理的目的是通过知识交流、信息沟通，培育并提升组织的核心优势与竞争力，使知识资源发挥最大价值，促进组织长期、健康和可持续发展。

知识的定义颇多。《辞海》对知识的解释为："知识是人类认识的成果和结晶，包括经验知识和理论知识。"经验知识是知识的初级形态，系统科学理论是其高级形态。从哲学领域来说，知识是一种"普适性真理"（universal truth）[100]。从企业管理的角度讲，知识是一种"有组织的经验、价值观、相关信息和洞察力的动态组合，知识不仅蕴含于文件和档案中，还存在于组织机构的程序、过程、实践和惯例之中"[101]。按获取方式，知识可区分为直接与间接知识；按其内容分为自然科学、社会科学和思维科学知识。本书借鉴经济合作与发展组织（ogranization for economic co-operation and development，OECD）的观点对知识进行分类，可分为 know-what（是什么）、know-why（为什么）、know-how（怎么样）、know-who（谁知道）四类。

知识和数据、信息、智能等概念有密切关系，但也有区别。现对几个与知识相近的概念进行辨析，其相互关系如图 2-1 所示。

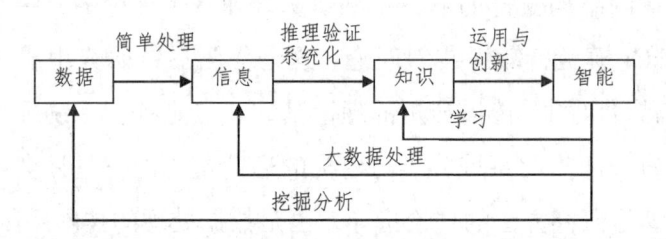

注：资料来自文献 [79] 并做修改。

图 2-1 "知识"与其相关概念的关系

数据是"原始的、不相关的事实"，它是形成信息的基础或重要组成部分，如未经处理的数字、词语、声音、图像等。只有被处理过的数据才能形成信息，信息能给使用者带来新的认识。信息是知识的重要组成部分，一般把经过加工（如推理、验证、系统化等）的信息称为知识。知识是人类对外界事物、社会及思想认识的总结和掌握，是"人的大脑通过思维重新整合的系统化信息的组合"[101]。智能是知识的外在表现和运用结果，如通过绩效评估来反映个人的知识素养和智力水平。总的来说，数据显示的是"事物运动的现实观测结果"，信息表现的是"事物运动的状态和状态变化的方式"，知识展现的是"事物运动的状态和状态变化的规律"，智能体现的是"利用抽象的知识和具体的信息，生成求解问题的策略，进而解决问题达到目标的能力"。

一般情况下,即使人们拥有了"全信息",往往还是很难解决智能的决策问题。原因在于,在信息与智能之间,还应有一个转化过程,即知识的媒介作用,必须先把大量具体的、表象性的信息,提炼成抽象的、真实反映事物运动本质及规律的知识,再利用这样的知识,才能有效地研究和解决实践中的智能决策问题。这就要求进行知识管理。

2.1.1　创新的 SECI 模型

知识管理,首先基于对知识的分类。依据管理的难易程度,匈牙利裔英国哲学家波兰尼（Polanyi）从认识论的角度将其划分为显性知识（explicit knowledge）和隐性知识（tacit knowledge）两类。具体内容如表2-1所示。

表2-1　显性知识与隐性知识对比表

	显性知识	隐性知识
定义	可用文字、数字这类"硬数据"的形式表达、交流和共享,并经编辑整理的程序、普遍原则	高度个性、难于格式化的知识,如个人理解、主观直觉和预测判断
特征	存在于文档中,易用文字的形式记录	存在于个人头脑中,难以使用文字的形式记录
	可编码（codified）	不易编码（uncodified）
	容易转移	难以转移

注：资料来源于文献 [102] 并经过整理。

显性知识能用文字、数字等格式化形式表达出来,如法律文案、销售规划等。隐性知识具有高度个性化、难以格式化、不易与他人共享的特征,如个人的经验情感、组织文化等。

人类知识库是在显性和隐性知识不断交织、碰撞中丰富起来的。而两类知识在不同载体（个体、组织与环境）中的持续动态交互过程就创造了知识[103]。这一过程的主要分析范式是 SECI 模型。

1995 年，野中郁次郎和竹内弘高（Hirotaka Takeuchi）在合作的专著《创新求胜》（*The Knowledge-Creating Company*）[75]中提出并详细解释了创新的 SECI 模型。

知识的创造过程是通过个体、群体的隐性、显性知识在环境中交互分享实现的。这一过程可以概括为四个主要流程[104]：社会化（socialization，S），通过彼此分享隐性知识（如技术、经验等），组织内个体产生了不同程度的交叉互动和影响，"类似于物种中个体间通过相互作用对种群内其他个体产生影响的行为"，通过观察、模仿和实践实现了隐性知识向显性知识的转移；外化（externalization，E），将隐性知识表述为显性知识的过程，组织成员通过共享的隐性知识，对其进行总结概括，格式为易于沟通的概念理论、方法手册等，"通过反思、对话等形式产生新的知识"[104]，这一过程类似于"基因池中的不同基因通过重组、突变等方式增加遗传和变异概率，物种凭借这种方式提高滋生某项能力或创造出新的功能"[104]；综合化（combination，C），将各种零散的显性概念系统化为更加复杂的、科学的显性知识的过程，这一阶段将产生新的知识，形成新的理念，删减淘汰不适用的知识；内隐化（internalization，I），即将显性知识抽象化、形象化的过程，通过把显性知识转化为隐性知识，促进新的显性知识被组织内成员消化吸收，最终升华成新的隐性知识。

在这一连续、螺旋形进化过程中，除了系统中的能动者、组织外，还需要一个适合知识演进的环境，野中郁次郎将其定义为"Ba"（场）[105]。Ba 模型认为，知识创造只能发生在特定的 Ba 内。如支持知识社会化的"启动 Ba"，外在化隐性知识的"对话 Ba"，提供综合显性知识的"制度化 Ba"，将显性知识抽象为隐性知识的"实践 Ba"。

"场"描述了人类物质本质的存在背景，可以将其理解为知识创造、转化、分享和使用的一个背景，而这个环境既可以是物质空间（如一间办公室、商业场所或运动场所等），也可以是虚拟空间（如电子邮件、网上聊天、电子会议等），还可以是精神空间（理想、经验和观点知识的共享），或者是这几类空间的组合。虚拟社区提供了知识创新的"场"（Ba）。本书将其定义为虚拟社区社会子系统与个体认知子系统交互的背景环境。在知识共创的过程中，个人与社区子系统之间通过场（Ba）不断进行资源、知识的交换与更新。场（Ba）质量的优劣，直接影响成员知识交流渠道的通畅与否，也控制着共享知识质量的高低，对个人、社区系统的耦合起着保护或抑制作用。

2.1.2 知识共创

"共同创造"（co-creation）首先被应用于价值创造（value co-creation）领域。"价值"是厂商与顾客共同创造的结果[106]，可能源于厂商的推动，也可能来自顾客的倡议[107]。随着联合创新、合作创新、开放式创新等一系列新概念的出现，"共同创造"的应用得以扩展，被引入技术创新知识管理领域。技术创新下所需的各类知识散布于不同的组织和个体中，这些组织、个体所拥有的局部的、碎片化的各类知识，先天具有的异质性和多样性形成了知识势差，通过成员可渗透性边界，自发地流入、流出、汇聚，知识创造由最初的内部流动转变为交互流转，最终演变为共同创造。

知识共创（knowledge co-creation），也称为知识共同创造，它以价值共创为理论基础[108]，强调在企业运作或产品开发过程中，企业与其他参与者（包括合作伙伴、竞争者、供应商、顾客等）相互协作[87]，从而共同创造知识的过程。本书认为，知识共创是指基于服务客户、提升企业竞争力的出发点，通过各种有效连接机制，企业与用户利用各自知识优势，交流互动，共同创造新知识的过程。知识共创体现了以企业为中心，构建同其他知识源协同合作、创造新知识的网络关系，是一种充分结合外部丰富资源的开放式知识管理行为[87][109][110]。

知识共创不等同于价值共创。后者关注创新之后的价值提升，但对这种价值提升的来源没有进行限定，可以是知识创新，也可以是管理创新、技术创新或制度创新等，主要针对附着于产品、服务等介质上的价值增值管理，是服务营销、创新管理的核心内容，可以分为基于"服务主导逻辑"[111]的价值共创，以及基于"消费者体验视角"[112]的价值共创。两种视角都体现了合作创造价值的本质[113]。在价值共创的创新层面，创新过程也是参与主体的知识增值过程，是知识的共同创造[112]。

知识共创被认为是"现代企业在创新网络中产生新知识从而获取战略性资源的关键路径"[114]。在合作网络中，企业、用户等各类参与方彼此互动、协作、构建、创造新的知识[113]，其要点是搭建共创生态环境，刺激各类参与者的知识共创热情[115]，再将新知识引入，继而激发动态循环创新过程[116]。由于知识共创所具有互动导向性（interaction orientation）[117]、协同创新性[118]、异质性[117]等特征，企业往往能够从中获取所需的新想法、新理念，获得改进产品、提供新服务的能力。

依据知识流向的不同，知识共创的机理可以分为内向型知识共创和外向型知识共创[119]。内向型知识共创是指将外部参与者的知识引入核心企业，经过知识动员、共享整合、提炼升华等活动创造出新知识的过程[120]。外向型知识共创是指知识从内部核心企业流向外部参与者，顾客利用主导企业提供的知识等创新资源，将其与自身知识、技能融会贯通创造新知识。

虚拟社区自然地成了知识共创的数字化社交场所。虚拟网络社区中的知识具有公共性、个体性、衍生性和裂变性[17]。知识公共性是指虚拟社区中的知识交流、分享没有障碍限制，易于实现知识的深度聚合；知识个体性使知识易于被吸纳而融入知识贡献者，吸收消化后能够产生新知识；在知识的个体性和公共性基础上，通过知识共享与吸纳，知识能在不同主体间进行演化、发展与分裂，从而形成新的知识。

由于关系强度、结构洞、小世界等网络结构特征是影响虚拟社区创新过程的关键因素,因此形成了两种知识共创的路径[121]:"网络嵌入—知识"和"知识—网络嵌入"概念模型。前者以网络嵌入为起点,认为知识吸纳、转化是产生知识创新的中介变量;而后者则强调知识资源差异、知识异质性会对网络关系产生影响。无论是哪种知识共创路径,都体现了在知识共创过程中,知识的迁移、吸纳与共享等知识管理过程是创新的核心,网络环境可促进知识管理各方获取创新所需的异质资源,各方知识交互成为创新的基石。

本书的知识共创,是从使用社交媒体所形成的社会网络角度出发,分析在社交平台中形成的非正式网络对用户知识管理、对系统知识创造的影响。知识共创包括知识创造、共享、传播等多个环节。线下的知识共享,更多的是通过面对面、书籍、记录等方式,从知识拥有者出发,通过实体联系方式(如面对面交流方式),传递给知识接收者,传递的通道、效率已经远远不能适应现代社会海量数据的需求,通过线上方式进行知识的传播、分享,既是现实所需也是必然趋势。

2.2 社会系统理论

社会系统理论(social systems theory),形成于20世纪80年代,由德国社会学家卢曼(N. Luhmann)[122]发展起来。以帕森斯(T. Parsons)的双重偶然性(double contingency)为基础,卢曼将生命系统的自我再生系统理论移植到社会学中,把系统分为三类:社会系统、心理(或认知)系统、生态(环境)系统。社会系统理论着重讨论系统与环境的联系,社会系统通过与外界环境或其他社会系统的耦合实现了自身元素的再生[123]。

卢曼的社会系统具有四点主要特征。

第一,复杂性(complexity)。复杂性是指"可能性的总体性",既包括系统与环境组成要素的多样性,也包括系统与环境关系的交错性[122]。

复杂性是在系统不断演化的动态进程中表现出来的。复杂性突出了"选择"的作用,通过与环境的互动,社会系统将环境中存在的各种可能性转变为社会系统自身的组成部分[122]。在虚拟社区这样的复杂社会系统中,参与各方对于知识的"管理"角色分化,面临着各种可能的选择,参与者的知识管理活动,需要对学习的策略、方式、进程等做出抉择并持续关注;当"环境"发生变化,参与者可能从知识的贡献者转变为知识吸纳者,或反之;所属角色并不固定,即使是社区中的"大V"或"意见领袖"。

第二,自我再生性(autopoiesis)。卢曼[124]将生物学中的生命自我再生系统理论引入社会学研究中,以此凸显系统自身的主体能动性。自我再生性,是社会系统存续、维持的基本要求,缺乏生产能力的社会系统将由于停滞而逐渐消亡。社会系统的自我再生取决于系统的多要素性、系统组件的网状结构、动态交互性与系统组件的自身生产力[125]。

在虚拟社区的学习环境中,必须将参与者(用户、平台、交流环境等要素)的知识结构重组、再结合,通过交流互动形成知识关联的网状形态,提升参与者的知识生产能力,推动系统的知识构建持续发展。

第三,自我指涉功能(Selfreterence,也称为自我参照性),是指自我通过观察以鉴别差异的过程,社会成员通过甄别获得所需信息,其本质是彼此区分和自我确认过程[124]。

虚拟社区环境下,通过自我指涉,参与者可实现自我反思、协作与沟通、知识积累与创造;参与者通过观察与区别,实现与环境的交互。

第四,社会系统的沟通(communication)。沟通是社会系统的基本要素,是社会理论的核心。社会系统是一种由沟通制造沟通的自我再生系统,通过与外界环境耦合,提升自身复杂性。没有沟通的社会系统是纯粹的、孤立的和封闭的社会系统,这样的社会系统无法长期维系[124]。社会系统的发展依赖认知系统,没有认知系统的存在,则没有沟通的发生。卢曼的社会系统理论认为,心理或认知系统是通过意识或认知(如长期记忆中的知识检索、知识阐述、知识外化和内化等)过程进行自我再生的系统。虽然社会系统和认知系统之间无法直接通信[122],但是社会系统可以通过语言与认知系统进行结构耦合,由此接纳来自对方的元素进行自我运作和再生。结构耦合使两个系统共同演化,随着时间发展变得越来越复杂。

在虚拟社区中,沟通不仅是参与者的文案交流,也强调参与者的自我指涉、自我区别和协作沟通,以实现社区深度学习、知识交流和知识创新。

2.3 社会网络理论

"网络"一词最早出现在德国社会学家西美尔(G. Simmle)的《群体联系的网络》[126]一书中。他强调对社会结构与社会关系的研究,并将其想象成互相交织的关系网:社会的本质就是人与人之间的交互作用,这种互动关系就被视为网络。此后,学者们将"网络"运用到各个学科,将其作为社会行动者之间沟通的桥梁。20世纪30年代,英国人类学家布朗(R. Brown)[127]在此基础上首次提出了"社会网络"(social network,SN)的概念。随着社会计量学、图论方法等在社会网络中的应用,"社会网络理论"逐渐发展成熟,形成了较完备的理论体系。社会网络理论作为一个新的研究热点广泛应用于社会学的研究领域。

社会网络理论基本框架形成后,学者们从不同视角对社会网络的内涵进行了解读。一般认为,社会网络包含两种含义:"作为一种现实存在的实体",以及"观察和描绘社会结构的方法与模型"。前者将"社会网络"作为研究对象,后者将"社会网络"作为分析工具。两者既有区别又有联系。二者的区别体现在两方面。一方面,作为研究对象本体,社会网络代表了研究者对"社会存在状态""社会关系"的认识,这种理解强调由社会行动者及其之间形成的关系,以及由行动者与关系所构成的网络结构,影响着个体和群体对资源的获取和控制能力,社会资源包括资金、情感、信息和知识等,核心指标包括强联系、弱联系、社会资本、结构洞等。另一方面，作为研究分析的方法和工具，社会网络广泛应用于社会学、人类学、信息科学与管理科学领域。在文献计量研究中用于分析引文结构、合作者关系，在实践研究中被用于分析知识社区的互动结构，在区域经济研究中，被用于发现产业集群与合作动力。二者的联系在于，无论是研究实体还是分析工具，社会网络都关注行动者之间构建的关系，这种关系的特征（如联系紧密、网络的密度、连线的多少等）就构成了社会网络分析的数据基础。

社会网络研究的对象为有相互关系的网络成员以及成员间的"关系"；研究的目的在于通过对关系模型的分解来描述研究对象；研究重点在于对关系网络中成员行为的分析，以及成员之间的关联受到网络结构怎样的影响。参与者的行为不是独立的[4]，而是受到其"在网络中的位置、网络结构以及社会关系的影响"，即不仅受自身影响，也受其他个体、环境影响[128]，强调"每个行动者与其他行动者或多或少地都有关系"。由于社会网络关注行动者所在的网络环境，因此无论是对个体行动者还是组织的研究，社会网络都有很强的适用性。

按照研究对象的不同，社会网络分析可分为两种类型[129]：个体网络（ego-centered networks）分析，以及整体网络（whole networks）分析。个体网络是从单个节点的角度来分析社会关系，以特定的用户为中心，只考虑与该用户有关联的联系，以此来探讨个体特质（如行为、感知等）如何及怎样受到其人际关系的影响。本书研究个体认知子系统时，就采用以个体为中心的网络参数（如中心性）进行分析。整体网络关注的焦点是网络全局，即"社会体系中角色关系的综合结构或群体中不同角色的关系结构"。本书在分析虚拟社区社会子系统时就选择以采集对象全体为目标构建的整体网作为研究对象，并使用整体网络的分析工具（如QAP分析）开展工作。

社会网络的双重角色，以及对参与者之间联系的重点关注，为其在知识管理领域的应用提供了理论基础和技术支撑。社会网络范式下的知识管理研究主要集中在知识共享和知识转移两个领域,常见的研究角度包括三个[127]:强联系与弱联系、网络位置和社会资本。根据研究目的,本书讨论网络关系中的强联系与弱联系以及网络位置。

鉴于本书在后续章节中需要使用社会网络分析软件UCINET进行数据分析,因此将简单介绍该软件的相关功能,若需了解软件的其他功能,可参考相关教程。

2.3.1 社会网络分析工具

计算机技术及软件的发展,促进了社会网络分析(social network analysis,SNA)的广泛使用。目前,主流的处理社会网络数据和分析的软件有:GRADAP,STRUCTURE,UCINET。GRADAP是一款图形定义与分析包,由荷兰阿姆斯特丹大学、格罗宁根大学和拉德堡德大学三所大学的研究者们合作开发。软件可以在DOS环境下运行,用以绘制凝聚子群、节点中心性指标和出入度的分布模型。STRUCTURE也可在DOS环境下运行,包含了结构等价、凝聚子群、中心性以及传染模型。斯科特(J.Scott)在《社会网络分析手册》(下卷)[130]中对一些社会网络软件包的优劣进行了比较。本书使用的软件为UCINET 6。

UCINET(University of California at Irvine NETwork)是一款功能强大的社会网络分析工具,可处理32 767个节点数据。它的开发者为美国加州大学欧文分校的弗里曼(L. Freeman)教授,后来主要由美国肯塔基大学的博加提(S. Borgatti)和英国曼彻斯特大学的埃弗利特(M. Everett)维护更新。软件可从网站(http://www.analytictech.com/)下载,并可免费使用两个月。在此感谢开发者的贡献和慷慨。

UCINET软件中包括大量的网络结构分析指标,如对节点"权力"的分析参数(中心性指标)、位置分析、派系分析以及网络关系假设检验等。UCINET也擅长对数据,特别是矩阵的一系列处理,如二值化处理、子图

（或子矩阵）处理、转置与合并、对称化处理等。除此以外，UCINET还提供了一款数据可视化绘图工具——NetDraw，用于可视化展现节点之间的联系。

1. 数据收集与处理

对于整体网数据的收集方法，可以采用"线人"收集方式、实验法等不同策略进行[131]。

（1）"线人"收集法。当研究者不是采用完全随机或概率抽样的方式选取研究对象时，可以根据一定的规则指定第一个"数据起点"，这就是"线人"（informants），他必须是该社会网络中的一员；其他的成员来自这个社会网络，与该"线人"有某种关联；再从这些成员出发，按照同样的规则寻找另外的成员。这种"滚雪球方式"要求对象的选取规则保持一致。本书就采用了这样的收集方法，其他对象的选取规则为：社区中粉丝数超过1万（包括）的用户。由这些用户组建的关系网络即为整体网。

（2）提名法。按照一定的选取规则，提名法（name generator）是请被调查者选择那些在"整个网络"中符合这种规则的人，由这些人组建的社会网络就构成了整体网。提名法存在的主要问题是[132]：被调查者倾向于选择那些有"积极性的关系"，但"消极的""不融洽"的关系对应的成员可能就被排斥在网络之外，这样的社会网络成员构成存在着某些缺失。

（3）实验法。实验法可分为人工实验法和计算机模拟实验法。前者适用于研究小规模社会互动构建的整体网络，后者则可用于分析大规模的整体网。人工实验法最为著名的案例是小世界研究：分析在美国任选出的两个人之间需要经过多少"中间人"就可建立联系。实验结果为只需要经过六步就可建立联系，这就是六度分割（six degrees of separation）。

除此以外，还有问卷法、导出法等多种整体网数据收集策略。

数据收集后，需要依据研究目标构建相应关系网络（矩阵）或列属性向量。当研究节点之间的相互联系时，需要构建关系矩阵。本书在处理知识共创中的合作关系时，便使用了关系矩阵。当研究节点的特征时，需构建列向量；当列属性向量为二值时，一般采用均值作为阈值的方法进行处理，即将该属性值大于均值的设定为1，否则设定为0。本书在处理节点知识共创的角色属性假设检验时，就使用了列属性向量。

2. 中心性分析

中心性分析用于解释社会网络中行动者的"权力"。"一个社会行动者之所以拥有权力，是因为他与他者存在关系，可以影响他人"[132]，这种"权力"就是其他参与者对他依赖程度的表现。

社会网络分析基于中心性给出了"权力"的度量指标，主要包括点的中心性、图的中心势。中心性测度的是个体在整个网络中的"权力"，中心势测度的是图在多大程度上受控于某个点（某些点），或者图在多大程度上向某个点（某些点）集中。中心性的度量主要有三个：点度中心度（degree centrality）、中间中心度（betweenness centrality）和接近中心度（closeness centrality）。这些中心性指标用于探讨在社会网络关系中，各个行动者知识交流与传播的重要性和范围，可测量节点对直接交流时的处理能力。

3. 凝聚子群

通过对群体的研究，社会网络分析可以揭示网络结构。群体，是在"既定目标和规范的约束下，彼此互动、协同活动的一群社会行动者"[132]。群体互通有无、知识共享，积累和创造的知识远远大于个人的创造，这是群体的巨大优势。但要顺利完成这种互助和共享，需要成员认同群体，即社会认同是群体形成、维系的基础，互动是群体发展的关键。凝聚子群是指这样一个行动者子集：在该子集中，"行动者之间具有相对较强、直接、紧密、经常的、积极的关系"[133]。对凝聚子群类型和数量的分析，是社会网络从形式上对群体的定义。根据研究的角度，有四种类型的凝聚子群：基于互惠的凝聚子群、基于可达性的凝聚子群、基于度数的凝聚子群和基于"子群内外关系"的凝聚子群[132]。

（1）基于互惠的凝聚子群，考察的重点是网络成员之间的相互性，成员对之间是否互为"选择"关系，是否为邻接点。常用"派系"（cliques）进行表述。对于二元有向网络，派系中成员之间的关系都是互惠的；若向其中加入一个成员，就会改变这一性质。派系常用于研究社会网络中联系紧密的小群体。

（2）可达凝聚子群要求成员之间具有"可达性"，但不要求邻接，可以是间接关系。n-派系（n-cliques）、n-宗派（n-clan）常被用于分析可达性。当成员之间的"距离"在设定的临界值 n 以内时，称其满足 n-派系。例如，一个 2-派系是这样一种凝聚子群：子群中任何一对成员之间的距离都不超过 2，可以是相邻，也可以通过一个共同的连接点相连。n 越大，则对派系成员之间"关系距离"的约束越小。n-宗派是对 n-派系的推广：任何节点对之间的捷径距离都不超过 n。n-派系的"距离"是指两点在整体网中的距离，n-宗派是指两点在凝聚子群中的距离。

（3）度数凝聚子群关注子群成员与其他成员之间的关系频次。派系要求成员之间的"距离"满足一定的要求（不大于 n）；以度数为基础的凝聚子群要求成员的度满足一定的要求，即 k-丛（k-plex）。k-丛是满足如下条件的凝聚子群：子群中的每个点都至少与除了 k 个点以外的其他点直接联系。当 $k=2$，凝聚子群中的任意点的度数都不小于（$n-2$）时，称为 2-丛凝聚子群。k-核（k-core）也是基于度数的凝聚子群。一个 k-核凝聚子群，是指子图中所有点都至少与该子图中其他 k 个点邻接。两者的区别在于：k-丛要求每个点至少与除 k 个点外的其他点连接，k-核则要求任意点至少与 k 个点相连。

（4）"内外关系"凝聚子群则侧重于成员相对于网络中其他行动者是否更紧密，是否有更高的凝聚力。这种子群关注子群内部关联的紧密性，以及子群内部成员间关系的频次相对于子群内、外群体成员之间关系频次的差异。这种双维度即为"核心—边缘"（centripetal-centrifugal）。

总的来说，社会网络分析可以从不同视角对网络中行动者构建的子网进行结构探讨。

4. 结构洞分析

结构洞（structural holes）是从整体网中按照一定规则抽取出每个点的个体网络数据，对个体网的特征进行分析的指标。结构洞表示非冗余的联系。结构洞能为"其占据者获取信息利益和控制利益提供机会，从而比其他位置上的成员更具有竞争优势"[132]。结构洞的判定指标有两个：凝聚力（cohesion）和对等性（equivalence）。对于一个行动者有两个邻接人的这样一种关系，当凝聚力增大时，冗余度也增大。当两个行动者与网络中同一群行动者之间的共享相同时，这两个行动者就是对等的。

结构洞的占据者扮演着经济人（broker）的角色，由于他在两个群体之间建立了某种联系，因此能获得"利益"。例如，结构洞可为该占据者提供非冗余信息（其他节点得到的信息冗余度大），从而减少信息搜寻成本，获得更好的服务体验等，此时，结构洞成为社会资本。

弱联系理论指出，弱关系为群体或组织建立了联系、传递了信息；强联系则维持组织内部的关系。弱联系比强联系更多。强联系常处于群体内部；弱联系将一个网络中的不同群体联系在了一起。

对比可以发现，弱联系指两者间关系"强弱"的性质；而结构洞则至少三人参与行动。因此，结构洞理论超越了两个行动者间关系的"强弱"，将视角扩展到了至少三个行动者关系层面；而"三方关系深刻揭示了世界的架构，恰恰是整个社会得以建构的基石，是社会团结的基础"[134]。

5. 关系分析（QAP）

常规统计方法的使用前提是，多个自变量之间相互对立，不能高度线性相关，否则会出现多重共线性问题。多重共线性会使参数估计的方差和标准差变大，对变量显著性的检验无效，模型的预测功能会消失。此时一般采用基于置换的检验方法，以此对存在"关系"的关系进行假设检验。

对关系命题的社会网络检验，包括三类。

一是"点—层次"属性（node-level）假设检验。这种类型的假设检验涉及的变量都是关于点的属性层次的变量。在本书中包括粉丝、阅读、累计阅读等。

二是"点—关系"混合（mixed dyadic/nodal）层次假设检验。这种类型假设检验涉及的对象为点的属性和点对关系。

三是"关系—关系"层次（dyadic QAP）假设检验。这种类型假设检验主要是探讨一种"关系"与另一种"关系"之间的关系是否具有显著性。

依据研究目标，本书主要使用了"点—层次"属性假设检验、"关系—关系"层次假设检验。具体使用将在后文结合数据处理进行说明。

QAP 相关分析主要用于分析两种"关系矩阵"之间或者属性与关系之间是否显著相关，检验值处于 <1%，1%～5% 或 5%～10% 区间的显著性水平内，其统计意义表明所研究的矩阵之间存在强关联关系[135]。QAP 回归分析主要是考察多个关系矩阵与一个关系矩阵间的回归关系。计算方法类似于 QAP 相关分析，最终得到截距项及各个自变量的非标准化回归系数、标准化回归系数等统计性检验结果。

2.3.2 小世界现象

1998 年，沃茨（D.Watts）在分析人类社会网络模型的基础上，研究了规则网络（regular lattice）和随机网络（random graph），提出了著名的小世界网络模型（small-world network）[136]。小世界网络模型是具有随机性的一维规则网络，它的特征是平均路径长度（average path length）最短且聚类系数（clustering）较高。路径长度测量两节点之间的信息传递距离；聚类系数测量的是一名成员能与网内多少其他成员联系。理论上，平均路径长度越短，成员、资源之间的联系更快捷；聚类系数越大，表明网络密度越大，该成员拥有更丰富的关系资源。在小世界网络中，成员之间或直接联系，或连接任意两个成员的平均中间结点数最少；并且成员之间的联系具有高度集聚水平[137]。看似矛盾的两个网络特征，却能在小世界网络模型中共生，其原因是，众多独立的集群能够培养各种各样的专业思想，而短路径又提供了将这些想法和资源以最有效方式进行整合的可能。这种可能，是通过超级连接器（super connectors）实现的[138]，即人们并非与网络中所有人联系，而是通过几个关键成员节点，所有人都被联系在了一起，并促使这些想法和资源从一个集群跳转到另一个集群；一旦这些超级连接器被打破或移出，网络的联系将变得极为困难和脆弱。

随着对网络研究的逐渐深入，学者们发现：不同网络类别具有各异的"长度"和"密度"属性，这些属性会极大地影响网络构建，进而对网络的管理策略、网络成员参与方式和态度产生影响。因此，研究者们开始重视对网络的分类。社会心理学家将网络分为联合型群体（common bond groups）和认同型群体（common identity groups）[139][140]。前者通过成员之间的关系、契约将整个组织"黏合"在一起，后者的"黏合剂"则是基于整个团体的"身份认同"（identification）。社会学家根据社区成员之间联系的紧密程度将网络分为邻里网络（neighbourhood network）和社会网络（social network）[141]。前者网络成员之间的关系紧密，联系强而有力，后者成员之间的联系松散；在地理分布上，前者通常具有聚集性（geographically conjoint groups），而后者则极为稀疏（geographically dispersed groups）。实际上，联合型群体与邻里网络对应；认同型群体则与社会网络对应。

在对社会网络的进一步研究中，多拉凯亚（U. Dholakia）提出了一个问题[37]：由于没有明确界定社区情境（social venue），因此对于社会网络的隐含前提假设是，对所有成员而言，社会类别（social category）是一致不变的。但在不同虚拟社区情境中的社会类别及其特征是存在差异的，而这种差异又将显著地影响成员的参与行为。比如，对同一个参与者来说，针对不同的网络场景（如电子公告牌、聊天室）必然存在迥然不同的认识、看法和价值观，其参与的态度与行为存在差异。为此，依据社区情境的差异，多拉凯亚将社会网络划分为网络社区（network-based community）和小群体虚拟社区（small-group-based virtual community），并通过实证验证了他的假设：虚拟社区的情境是区分成员参与方式的重要因素。之所以强调交流情境的重要性，是因为对于小群体虚拟社区而言，成员往往只与固定的其他成员进行网上互动，或者举行面对面的聚会，即产生线下的交集；这些固定成员成了联系小群体虚拟社区的超级连接器。通过离线形式的互动（offline forms of interactions）来补充在线交互（online social interactions）的不足，这也正是小群体虚拟社区的一个重要特征。

虚拟社区是小群体虚拟社区的上位概念，即小群体虚拟社区属于虚拟社区的范畴。虚拟社区是一种存在于网络上的社会聚集，当一定数量、具有共同理念的人们通过在互联网所创造的虚拟空间里长期进行交换信息、分享经验、交流情感、参与讨论等活动，并在彼此之间形成某种程度的人际关系时，就发展成了虚拟社区。虚拟社区的技术支撑是计算机网络技术，其特点是成员需要秉承共同的规范和价值观[142]。虚拟社区中成员之间的交流形式不同于传统的面对面交流，而是通过电子的方式进行，以满足成员的四种需求[24]：兴趣（interest）、关系的建立（relationship building）、交流（transaction）和幻想（fantasy）。虚拟社区成员之间借以交流的具体形式有电子布告栏系统（bulletin board system）、网上贴吧、基于"群"的即时通信（如多人聊天室、Facebook、Twitter、微信群、QQ群）、博客群、电子邮件群等[42]。哈格尔和阿姆斯壮[41]根据交流内容和目的，将虚拟社区分为以下四类：兴趣型社区、关系型社区、幻想型社区以及交流型社区。巴生[43]依据组织经营和盈利性二维特征，将虚拟社区分为四类：论坛式虚拟社区、商店式虚拟社区、俱乐部式虚拟社区和集市式虚拟社区。多拉凯亚[37]则依据社区情境的差异将虚拟社区分为网络社区和小群体虚拟社区。

2.3.3　弱联系理论

斯坦福大学社会学教授格兰诺维特（M.Granovetter）[143]提出了弱联

系理论（the theory of weak ties）。弱联系是指参与者间的联系是"非经常性的、低亲密度的关系"，其网络特征表现为节点对之间异质性较强，这样的差异性能为社会网络（组织）提供非冗余的知识。这些非冗余的知识或者是"个体之间传递的、关于知识使用机会的新信息"，或者是"与特定项目相关的知识"[144]，所传递的知识一般是一方掌握而另一方或组织中其他成员所未掌握的。弱联系具有信息获取（access）、时机（timing）、介绍（referral）三种形式的信息利益[132]。信息获取使参与者能够知晓有价值的知识，并且知道它对谁有价值；时机使个体有机会成为早期获取有价值知识的人；介绍则是帮助个体实现获取这种有价值的知识的关键要素。例如，弱联系能够帮助企业接触到更多的与国际化有关的信息[145]，包括"国际市场信息、国际商业合作信息和东道国政府政策信息"。

由于参与者间弱联系的非经常性、低亲密度关系，具有这些特性的参与者很难融入对方的社会情境，如难以领会对方的意图或想法，这些"只可意会不可言传"的意图与想法即为隐性知识。相反，用语言文字详细说明、记载的说明书、手册、合约等，更易于交流与沟通，这些可以用系统语言表述的即为显性知识。

与之相反，强联系指的是"频繁互动、情感密切"的联系。与弱联系稀疏的关系相比，强联系需要花费更多的时间和精力才能培养与维系。强联系网络的同质性较强，信息冗余增加[141]。"物以类聚，人以群分"，同特质参与者因共同的兴趣、爱好而形成团体，团体内成员比较容易形成共同的价值观，同化团体中其他成员，这种强的情感沟通能巩固和加强内部社会网络的联系。这些成员所了解的事物、所经历的事件通常是相似的；强联系的组织成员更容易相互获得信任，这使得人们更愿意分享资源和共享有价值的信息。强联系的社会网络关系一方面可以减少信息、技术和资源的获取成本，另一方面也能提高隐性知识共享的效率[146]。例如，日本汽车制造商丰田公司与其汽车供应商建立了供应商协会[147]，协会开展的工作之一是将丰田员工派驻到供应商企业，为其免费讲授丰田的生产体系相关知识，这一合作机制保证了协会成员联系的紧密，共享知识的网络结构不但提升了供应商的管理水平，更帮助丰田公司实现了零库存管理，降低了企业成本、提升了企业竞争实力。

2.4　小结

本章首先对后文将涉及的相关理论进行了简单介绍和梳理，作为后续分析的基础。知识管理的相关理论是本书最为核心和基础的理论。知识管理是一个宽泛的概念，本书将其聚焦于网络社会中的"知识共创"机理研究，因此后续所有分析、研究对象数据的收集与属性处理，都是围绕"知识"这一主题开展的。在具体到虚拟社区这样的背景下，知识共创既需要参与者之间的互动交流，也需要平台的易用、稳定和激励，因此本书又吸纳了社会系统理论，对社会网络边界和构成进行确定。由于成员间存在着复杂的相互关系，需要借助社会网络分析工具进行节点、关系的一系列数据处理和计算。社会网络分析将现实中的真实关系结构进行抽象，用更加简明的方式进行表述，通过显式形态展现隐性关联，举要删无，用科学术语阐述社会形态，体现了社会科学研究的价值和意义。

虚拟社区的成员关系错综复杂，数据所展示的"关系"与"关系"之间往往还存在着复杂的内部联系。使用常规统计方法对数据背后的管理问题进行透视，存在着不适用的问题。社会网络分析工具恰恰弥补了这方面的空白：社会网络擅长分析"关系"与"关系"背后的"关系"探讨。

第 3 章　虚拟社区的知识共创机理

虚拟社区的良好运作体现了以用户体验为导向的企业管理理念的落实。虚拟社区不仅给用户（如旅游者或潜在旅游者）提供了一个交流平台，通过这个平台也吸引了更多的用户长期关注、使用企业的其他商业功能，为企业的商业运作积累和巩固了客户资源，也为相关企业提供适合消费者需求的产品（如旅游产品）提供了参考。

3.1　虚拟社区知识共创的系统构成

知识共创首先需要知识管理系统，在系统的统一约束、规划、控制下，实现知识的共同创造。虚拟社区的知识共享、整合与创新，需要个体和平台的共同努力。虚拟社区用户间的知识结构、深度、广度，存在着较大差异，信息不对称明显；而对于知识的渴望与需求，是虚拟社区用户参与社区建设、知识交互、共享的内在动力，虚拟社区平台为这种需求提供了外在推动力[148]。虚拟社区作为典型的自组织系统，社区成员自主加入并带入相关知识，经由虚拟社区的筛选与评价，展示在平台上，供社区所有成员共享，这些知识的分享、吸纳、传播过程具备了复杂性、再生性、自我指涉性和沟通特性；同时，社区中的成员具有自我认识、满足认知系统的各项特性。

运用社会系统理论，本书认为，虚拟社区知识共创的系统构成包括虚拟社区社会子系统、个体认知子系统以及环境子系统,其耦合过程如图3-1所示。

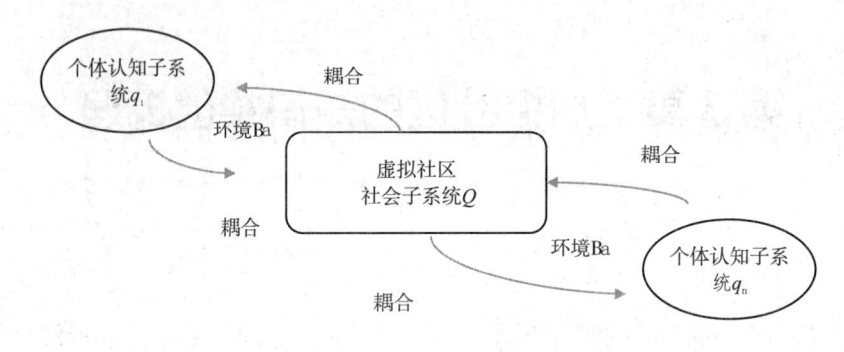

图 3-1 知识共创耦合过程示意图

3.1.1 个体认知子系统

个体认知子系统由虚拟社区节点,即虚拟社区中的参与者构成。在虚拟社区中,存在着若干个体认知子系统。个体认知子系统在虚拟社区知识共创过程中的作用不尽相同,且其角色在知识共创过程中不断衍变。个体认知子系统是虚拟社区知识共创的源泉和基本单位。

典型的虚拟社区知识创造活动包括撰写原创、创造性的帖子,并为讨论提供建设性意见。知识交换通常以问答的形式进行[149]。另一种典型形式是发帖和评论(post-and-comment)。最初的帖子通常是详细的,而评论通常是简短的。然而,即使是简短的评论,也不应被认为没有价值而不予理会。克洛斯(R. Cross)和斯普鲁尔(L. Sproull)[150]发现,可操作的知识包括确认(confirmation)或不确认(disconfirmation)、批准(approval)和支持(support)等表示。因此,无论是带有技术内容的评论,还是表示支持或确认的评论,都是交流的知识。知识交换过程也是知识创造过程的一部分。成员之间的讨论,包括赞成和反对,表现出超越个人创造力的知识共同创造过程[70]。

由于本书主要探讨这些参与者通过在线评论交流产生的知识分享、知识吸取、知识传播、知识创新等知识管理行为，因此对节点的角色划分以参与者在交流过程中的作用、地位为参考依据，将其分为知识贡献者、知识吸纳者、知识传播者和沉默者。知识贡献者主动分享自己的经验、体会、知识；知识吸纳者从社会子系统中不断吸收他人经验和知识，消化吸收；知识传播者从社会子系统中积极主动地吸收他人经验和知识，同样也积极主动地贡献已有知识，是社区子系统的最活跃分子；沉默者既不主动分享自己的知识也不经常性地吸纳他人知识，更鲜于转载传播知识，消极对待社区中的事务，是社区知识共创的"无贡献"成员。个体认知子系统的角色并非一成不变，而是在环境影响下，在与社会子系统的不断交互更新中发生变化。

3.1.2 虚拟社区社会子系统

虚拟社区社会子系统，为虚拟社区中知识的分享、传播、创新提供载体。由前文所述虚拟社区特点可以看出，社区中的话题（如在线评论的主题）是成员提出的；知识的传播是成员驱动的；对于虚拟社区中知识的汲取和创新，是成员的个体行为。在这些知识管理过程中，平台或社区管理者成员不是发起者，而是推动者、见证者。但其也并非只是"围观"，作为一个信息、知识的交流场所，社区中的在线评论质量和数量，都是吸引成员继续使用该社区的重要因素；成员数量为社区产生网页点击效益、吸引资本入驻的重要参数，因此社会子系统会提供适合于各类型个体认知子系统的环境。

社会子系统由虚拟社区提供者（若自建则为品牌产品生产企业，若委托辅助运营则为社交媒体企业，若消费者组建则为群体组织）负责管理和维护，其作用为搭建虚拟社区成员知识交流、创新的场所，并负责一系列日常事务处理（如对帖子的审核、对争议事件的处理、服务器维护、成员管理等）。

3.1.3 环境 Ba

在个体认知子系统与社会子系统进行知识交换、转移、创新过程中，子系统所处环境将促进或抑制这一知识共创过程。这个背景环境的载体可以是多样的，可能是良好的上网环境、嘈杂的交易场所等物质空间，也可能是共同的认知情境、语言不通的交互对象。这些环境对知识共创的成效将产生积极或消极影响。根据环境提供的内容，可将环境分为社会经济环境、技术手段环境、行业背景环境。这些环境既可影响个体认知系统也能影响社会子系统。例如，因新冠肺炎疫情而逐渐被认可的远程办公，需要有技术支撑（远程办公软件、稳定的网络设备），也需要有双方对这种交互行为的共同认识。这些都是支持线上交流所需的环境，只要其中某些条件不具备，就会大大影响这种知识交互，如网络不稳定导致交流受阻，行业大背景不认可这种交易谈判方式等。对于知识共创中的不同角色，环境也应提供相对应的场 Ba。对于主要的知识贡献者，需要对其付出的智力资本进行认可，如提供便捷的语音转文字的输入方式；对于上传的视频、图片放松空间占用限制；对于知识的传播者，使其能轻松地进行搜寻、转发信息到所需平台。

虚拟社区作为社会子系统，对认知子系统发出的信息做出反馈，通过耦合方式进行自我知识再生；社区成员（虚拟社区用户）构成若干认知子系统，对来自社会系统中的信息、知识进行筛选、吸纳或传播。在这一知识共创耦合过程中，环境适当配合，各子系统通过知识交流、共享、碰撞出新的知识，社会系统中的知识存量 Q，成员认知系统的知识存量 q，都得以增长；增量的多少受到环境因素的影响。

由此，对虚拟社区而言，其面对的知识系统，已超过个人或用户的知识范畴，是一个包括自身、他人、环境等的社会知识大系统，而非个体子系统。在"开始"知识管理前,虚拟社区社会子系统与用户个体认知子系统是相对独立的,但用户通过个人知识需求的"触角",切入虚拟社区这个社会子系统后,个体的认知子系统就与社会子系统产生知识耦合的"化学反应",促使知识急剧增长,激发新知识的涌现。

虚拟社区中个体知识水平的差异造成认知系统自我运作能力的不同,对来自虚拟社区的知识的刺激响应不同,通过社区平台和社区用户之间的耦合交互,在环境的共同作用下,实现虚拟社区平台知识的积累、知识的群体扩散和用户整体知识水平的提升。这种动态学习过程,不仅指知识在若干个体认知子系统、社会子系统间的传递、转移、共享、扩散、创新,还表现为各子系统内部的知识消化、转化与升华过程[151]。在这一作用过程中,参与者涉及知识的广泛性、知识的异质性,以及共创系统中环境的影响,导致知识共创的效果产生了差异。

3.2 虚拟社区知识共创的基本逻辑

共创所需的"知识"来源于基于个体认知子系统的知识基础(包括个体已有知识、个体兴趣点等),以及社会子系统的知识库(由平台将已有知识进行筛选、整理、甄别、扩充等方式积累)。结合知识创新的 SECI 模型,虚拟社区知识共创的耦合过程分为五个阶段:社会化、外在化、组合化、内隐化、精炼升华。虚拟社区知识共创的社会子系统和认知子系统经过这五个阶段的不断耦合,实现虚拟社区知识的多阶段动态共享、知识共创成员角色的多重衍生,推进虚拟社区知识共享的螺旋式演进[152],具体过程如图 3-2 所示。

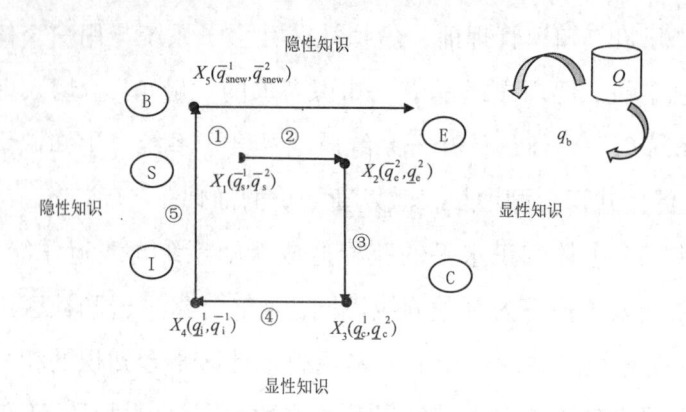

图 3-2 虚拟社区知识共创的 SECI-B 逻辑示意图

知识管理的终极目标是通过对知识的筛选甄别、传播共享、有效运用来获取更丰厚的收益（物质的或是精神的），这一过程实质上也就是隐性知识和显性知识之间的一种转化、螺旋形上升的过程，即"knowledge conversion"过程；知识共创的目标，则是扩展知识、解决实践中的新问题进而更新知识库，创造新价值。按照野中郁次郎的知识创新 SECI 模型分析，整合社会系统理论，虚拟社区的知识共创主要过程是通过对隐性知识和显性知识的社会化（socialization，S）、外在化（externalization，E）、组合化（combination，C）、内隐化（internalization，I）、精炼升华（sublimation，B）过程，促进隐性与显性知识内部或相互间的转换，在这种循环往复的知识更新过程中，知识资本的总量得以扩张、价值得以提升、各参与子系统知识技能得以提高，从而实现知识经济收益增长的目标。知识经济的收益，不仅有利于虚拟社区的个体用户，也有利于社区或平台在市场竞争中存活、发展、壮大。本书将这一过程概括为 SECI-B 知识共创。

虚拟社区中的知识，既有显性知识（如文字、文案等）也有隐性知识（如视频、图片、图标、音频等），既有虚拟社区社会子系统提供的知识，也有个体认知子系统供应的知识。

图 3-2 中，上标 1 表示知识贡献者，上标 2 表示知识吸纳者；Q 表示

社会子系统知识量；$\bar{q}_t$表示个体认知子系统的隐性知识，q_t^1表示个体认知子系统的显性知识。q_t（$t\in\{s,e,c,i,b\}$），表示个体认知系统中，知识贡献者、吸纳者在知识共创各阶段的知识存量变化。当环境因素产生正向激励作用时，知识量的提升包括知识质量（如能提高虚拟社区参与者的认知能力、运用能力等）的增长，也包括知识数量（如能提高虚拟社区参与者的知识储备量）的增长。具体来说，q_s表示知识贡献者在知识共创过程中进行社会化所提供的知识量，这些知识将传播给社会子系统；q_e表示知识吸纳者在知识共创过程中吸收了社会子系统提供的知识后，进行外在化所管理的知识量，这种转化将使隐性知识转化为显性知识；q_c表示知识吸纳者对所掌握的知识进行运用、整合过程中管理的知识量；q_i表示知识贡献者接受社区子系统的知识（如反馈信息、留言回复等），对认知子系统中已有知识进行更新、完善，为下一阶段的知识共创所积蓄的知识量，这个过程将显性知识又转变为了隐性知识；q_b表示社区子系统在对发布在平台上的各类知识进行甄别、去除冗余、去粗存精后留存在子系统中的、可供各类参与者使用的新增知识量，这时的知识是已经经过筛选、完善、更新后的新知识，此阶段将显性、隐性知识都转变为以显性为主的知识。由于虚拟社区中的知识共创可以从五个阶段的任何一个阶段开始，因此，本书确定知识共创的"起点"为X_1。通过对上述模型的分析，个体认知子系统与虚拟社区社会子系统在环境的作用下，知识的流转与耦合的共创过程可以描述如下。

（1）当虚拟社区知识共创起点为X_1时。

过程：社会化是一个分享经验、供他人吸纳知识的过程，经验是获取知识的关键。个体认知子系统受到虚拟社区社会子系统的刺激并产生响应（如受到激励更新、上传个人游记等），此时，知识贡献者拥有并分享的知识量为$\bar{q}_s^1+q_s^1$。这些知识被虚拟社区社会子系统识别、筛选后，将被纳入社会子系统的知识库中，当环境是正向影响时，社会子系统知识量获得了增长$Q_s=p\times\bar{q}_s^1>0$，（p为知识适当性）；当多个个体认知子系统将虚拟社区作为知识交流平台时,知识吸纳者与知识贡献者交流沟通(如查看他人主页、回复帖子),将某些知识转化为自身认知系统的知识($\bar{q}_s^2 + q_s^2$)。就这个知识扩散过程而言,知识吸纳者的知识储备获得了增长(($\bar{q}_s^2 + q_s^2$) >0)。个体认知子系统将存储在自身头脑中的隐性知识系统化,以可呈现的显性方式(如文案)或隐性方式(如影像)进行输出;被整理的系统知识受到虚拟社区社会子系统的筛选、甄别,成为虚拟社区社会子系统知识库中的一部分;虚拟社区社会子系统接纳来自个人认知系统的知识供应,将新的相关知识元素纳入系统,实现虚拟社区知识储备的扩展。

结果:通过社会化阶段社会子系统和认知子系统的耦合,虚拟社区社会子系统吸收了来自个体认知子系统的知识元素,即虚拟社区知识贡献者将知识转化为虚拟社区平台知识($\Delta Q_s > 0$);知识吸纳者的个体认知子系统均得以扩展、复杂性增加,虚拟社区成员通过社会化学习过程,拓展了自身知识水平(($\bar{q}_s^2 + q_s^2$) >0)。

(2)当知识共创过程从 X_1 向 X_2 转移时。

过程:这是个体认知子系统在消化吸收虚拟社区社会子系统知识的基础上,更新固有知识,逐渐发展形成自身新知识的阶段。这一过程将物化的隐性知识转换成容易被其他人所认识的显性知识[153]。个体认知子系统中的知识吸纳者首先对这些来自虚拟社区社会子系统的知识进行选择,根据自身能力进行消化吸收,将这些吸纳元素整合到自身的知识体系中;这一外在化过程主要应用于实践和认知,属于知识验真、积累过程。

结果:知识吸纳者认知子系统中隐性知识储备增长为 $\bar{q}_e^2$($\bar{q}_e^2 \geq \bar{q}_s^2$),显性知识储备增长为 q_e^2($q_e^2 \geq q_s^2$),再通过实践和认知过程,将这些隐性、显性知识去伪存真并储存起来成为自身拥有的新知识,知识储备增长为 q_e^2,($q_e^2 = +q_e^2$)。相比外在化之前,知识吸纳者的个体认知子系统中的知识产生了增值 $q_e^2 > q_s^2$。

(3)知识共创过程从 X_2 向 X_3 转移。

过程:组合化过程主要将显性知识整合、转换为更加复杂的显性知识，最为常见的表达方式为以文案方式对已有知识进行归纳总结，并加以描述展示。一方面，借助虚拟社区社会子系统，知识吸纳者把从多方吸收的、自身运用所获得的隐性、显性知识进行总结与整合，并将形成的显性知识展示出来，这一对知识梳理的过程提升了个体认知子系统中显性知识的质量 q_c^2；这些新增知识又通过耦合方式进入虚拟社区社会子系统中，通过分类、重组、重构成为新的知识，新的知识越了原有的团体范围，并且通过各类组织得到了广泛的散布和传播[121]；另外，通过与虚拟社区社会子系统的知识流转、对显性知识的进一步理解与把握，知识贡献者个体认知子系统中的知识量也得到了提高 q_c^1。

结果：虚拟社区社会子系统与知识主、客体的知识耦合，扩展和充实了其知识量（$Q_c \geq Q_s$）；作为个体认知子系统中的知识储备，无论是知识贡献者还是知识吸纳者的显性知识，都得到了提升（$q_c^2 > q_e^2$，$q_c^1 \geq q_e^1$）。

（4）当知识共创过程从 X_3 向 X_4 转移时。

过程：内在化将个体认知子系统吸收的显性知识内隐化为隐性知识，产生知识的升华。外在化与组合化的前序过程激发了个体认知子系统的学习兴趣。个体认知子系统的学习与知识构建过程，促使知识贡献者对所掌握的显性知识再进行内化吸收，将信息、知识进行重新排序、分类、组合、推理、融合[154]，从而固化为自有的新的显性知识 q_c^1，这是典型的知识创新过程。

结果：知识贡献者通过长期积累的经验，对这些显性知识进行感知、理解、思考、消化吸收、创新，显性知识内化为隐性知识，个体认知子系统水平提高，知识量得到了提升（$\bar{q}_c^1 > \bar{q}_s^1$）。

（5）当知识共创过程从 X_4 向 X_5 转移时。

过程：通过个体认知子系统与虚拟社区社会子系统的不断耦合，双方吸纳并相互推送知识，不断进行自我知识体系的更新与再生。知识贡献者认知子系统的知识获得了质与量的双重提高，此时再通过虚拟社区社会子系统进行知识传播与转移时，由于知识积累达到了一定的程度，知识量增

长到了 q_b^1，由此将进入下一个知识转化过程：从 X_5 向 X_1 的转移过程。无论是知识贡献者的显、隐性知识，还是知识吸纳者的显、隐性知识，都产生了知识的螺旋形上升效应。随着知识的流动、转移与共享，虚拟社区社会子系统拥有的知识也逐渐增加（$Q_b > Q_c$）；同时，个体认知子系统的发展，也促使知识吸纳者转变为知识贡献者，并随着新问题的提出与解决，知识主、客体不断转化，能被运用的知识以及能运用知识的节点增加，知识共创产生的增值效应逐渐显现出来。

结果：将显性知识转换为个体的自我超越的知识。这个转换过程一般可以通过对外显知识的理解，除了要求转换为个体的物化的隐性知识外，还形成了一种尚未实现的意志、信念和行动的设想，表现出对未来知识的想象[153]。个体的物化的隐性知识通过自组织演进成自我超越的知识。在此，通过拥有的行动的经验，物化的隐性知识经过升华，产生对未来知识的憧憬，知识主、客体的知识储备增长到了 $q_b^1 (q_b^1 > q_i^1)$，$q_b^2 (q_b^2 > q_i^2)$。

当个体认知子系统的显、隐性知识完成了一次这样的 SECI-B 过程后，结合个体的兴趣点，对新知识的搜寻又促使新的 SECI-B 过程开始了。在这个新的知识创造过程中，原有的知识中合理的、积极的内容将被个体认知子系统、社会子系统继承，而阻碍发展或不合理的部分将被否定删除，并创造出新的合理的知识成分，最终实现知识的自我超越[153]。

3.3 小结

知识的创造是一个循序渐进的过程，需要各方的积极参与和持续努力。本章结合知识管理中创新的 SECI 模型、社会系统理论以及虚拟社区自身特征，构建了虚拟社区知识共创系统，并对系统中的各子系统间的相互作用机理进行了探究，形成了 SECI-B 知识共创模型。本章从理论角度对虚拟社区知识共创进行了分析，后续章节将根据从实例中获取的具体数据进行实践验证。

第 2 部分

实践篇

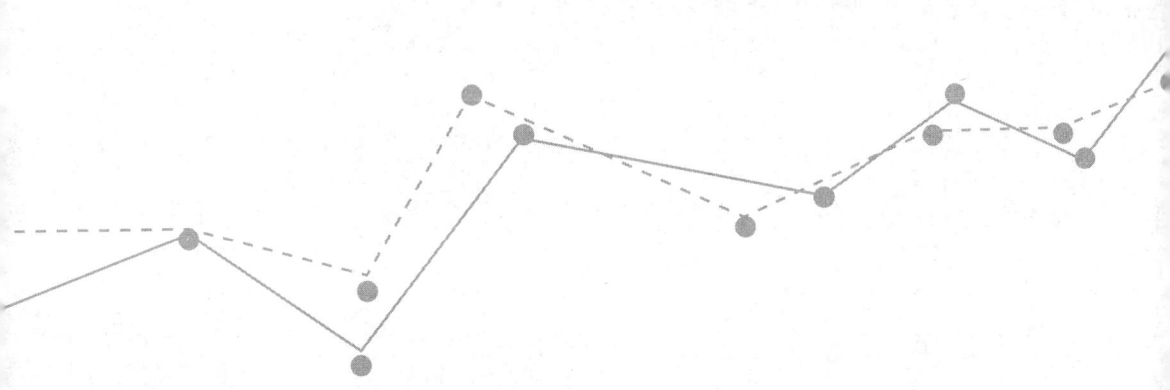

第4章 马蜂窝旅游虚拟社区数据准备

以交互为核心的新体验经济时代的到来,深刻影响着人们的出行需求,新一代的旅游玩乐消费市场已悄然到来。相较于以往的"被动式"旅游,当下的消费者更加期望通过搜寻满足个性需求的旅游产品,或是提前通过咨询和交流来获得丰富、及时且详细的攻略,从而方便、舒适地完成旅游活动,同时也希望能够通过分享自己的出行体验获得更多的社会关注,这种方式可以称为"自主式"旅游。

旅游虚拟社区是旅游产业与虚拟社区的结合。一方面,在旅游虚拟社区中,人们可以自由地发表意见、分享自己的旅游见闻获取更多的社会认可和关注,或有针对性地寻找对自己有用的旅游信息和出行攻略,以减少信息搜寻成本,降低旅游途中不确定性带来的损失;另一方面,在旅游产品和服务高度同质化的激烈竞争环境下,虚拟社区为旅游企业推出个性化服务提供了可借鉴的资讯,能够帮助企业推出更加注重旅游者个性体验的旅游产品,在细分的市场获得发展空间。旅游信息收集是旅游者决策过程中的重要组成部分,对于自助旅游者尤为重要[155]。为此,大多旅游网站(平台)增设"社区"一栏,在这里用户以"旅游"作为共同兴趣出发点,分享游记攻略、见闻感悟,展现个人风采,获得社会关注,为他人提供真实的旅游帮助;同时成员之间可以通过社区平台直接进行互动沟通、建立网络社会联系,从而更便捷地解决旅游途中可能会遇到的问题。

旅游虚拟社区的建立,不但服务了网站的浏览者、注册用户,也为旅游企业设计适应市场需求的旅游产品提供了资讯来源。

4.1 对象选取

马蜂窝成立于2010年,于2018年更名为马蜂窝旅游网(网址 https://www.mafengwo.cn/),以旅游攻略和游记分享著称。马蜂窝的宣传口号是"旅行之前,先上马蜂窝",其官网宣传语是"旅游攻略,自由行,自助游攻略,旅游社交分享网站",可见马蜂窝的核心竞争力在于UGC(user generated content,用户生成内容,也即用户原创内容)。

作为中国领先的旅游社交网站及自由行交易平台,马蜂窝有别于其他在线旅游网站的本质特征是"社交基因"[156]。马蜂窝采取"话题组"方式吸引具有相同兴趣的成员互动讨论,聚集"人气"产生"商气";或者通过"旅游"这一主题,发动平台上的旅游达人,组织优秀的原创旅游资讯、攻略服务等内容,以美食、住宿、游乐、购物等多角度的出行体验,打造开放的"内容+交易"生态模式,吸引了大量优质精准旅游用户(包括潜在旅游用户)。比达咨询发布的《2018年第2季度度假旅游App市场研究报告》[157]显示,马蜂窝在第二季度实现高速增长,月均活跃用户超过1 000万,达1 384.4万人。截至2021年,马蜂窝已积累用户近8 000万,社区覆盖超60 000个全球旅游目的地,平均每天产生游记3 000篇,新增1万个点评、10万个"足迹",每月新增30万的问答,76 000万次攻略下载,38 000家旅游产品供应商,相关旅游话题与信息基本覆盖了全球旅游目的地和消费者的各种不同需求。马蜂窝在国内旅游市场,特别是旅游线上平台具有典型性和代表性。

马蜂窝旅游网联合创始人、CEO陈罡表示[159],马蜂窝希望充分发挥攻略优势,"与所有商家和合作伙伴一起,共同为中国游客打造全新的旅行体验","旅游商家将有更多机会深入马蜂窝内容生态,以优质内容为基础,获得更多低成本曝光,攫取马蜂窝攻略体系下的流量红利"。

第4章　马蜂窝旅游虚拟社区数据准备

"问答"社区是马蜂窝线上平台的一个板块，本质上属于在线虚拟社区。其上有大量的在线评论信息，包括个人游记、问答、攻略，甚至旅游相关产品信息等。如果把社区中用户看作节点，用户之间的"关注关系"看作边，则"关注关系"可以抽象为知识的有向传播途径：用户之所以关注某个人，是因为他的"蜂窝"（社区问答板块为每一位用户提供了个人主页，称为"蜂窝"）上有该用户希望了解的信息与知识，从他的主页中能获得更多有用资讯，关注后可减少搜寻成本。因此"关注"网络可用来研究虚拟社区中知识的传播、共享与创新问题。由于网络中存在着数量巨大的节点和边，且节点具有复杂的属性，边的生成方式受多重因素影响，因此该网络具有复杂网络的性质。鉴于此，本书利用马蜂窝社区问答的大规模数据构建知识共创的关系网络，称为基于"关注"的旅游知识传播复杂网络（简称：关注网络）。

对于整体网数据的收集方法，可以采用"线人"收集方式、提名法收集方式、职位生成法、档案资料收集法、观察与实验法、问卷法等不同策略进行[132]。

本研究的实证数据使用"线人"收集与"滚雪球"相结合的方式，采集来源于马蜂窝的"问答"社区栏目，采集时间为2021年6月28日至7月19日。所采集数据的网址见附录2，感兴趣的读者可自主操作实践。

马蜂窝在"问答"社区中有一项排行榜，展示筛选出的本月最受关注的注册用户。数据收集选择在月底进行，是为明确当月的"金牌用户"，2021年6月的"金牌用户"ID为"海风小舟"。从筛选条件可以看出，"海风小舟"的"等级"较高，为LV45，粉丝数量超过1万人，其"蜂窝"的内容数为8 464个，金牌回答为1 813条，采纳率达到了98%，并由此获得了"马蜂窝指路人""目的地指路人"，以及"金牌大师"等头衔和荣誉。这些特征，符合本书为用户提供旅游知识的研究目的，因此选取该用户为"初始用户"，并以"滚雪球"抽样方式，找到其"关注"的对象群。由于马蜂窝用户规模太大（超过百万），经过多次测试并结合本书研究目的，确定的马蜂窝注册用户筛选限制条件为：粉丝数超过（包括）1万的用户；采用滚雪球法，以"海风小舟"作为起点，对"问答"社区用户进行筛选。由此，把粉丝数量超过1万的用户作为本研究的用户节点，建立第一级用户组；再以此组用户群为基础，根据相同的筛选条件获得关注对象中粉丝超过1万的用户群，建立二级用户组；以此方法，建立三级用户组，共计223个注册用户被用于本书分析。各级用户规模如图4-1所示。

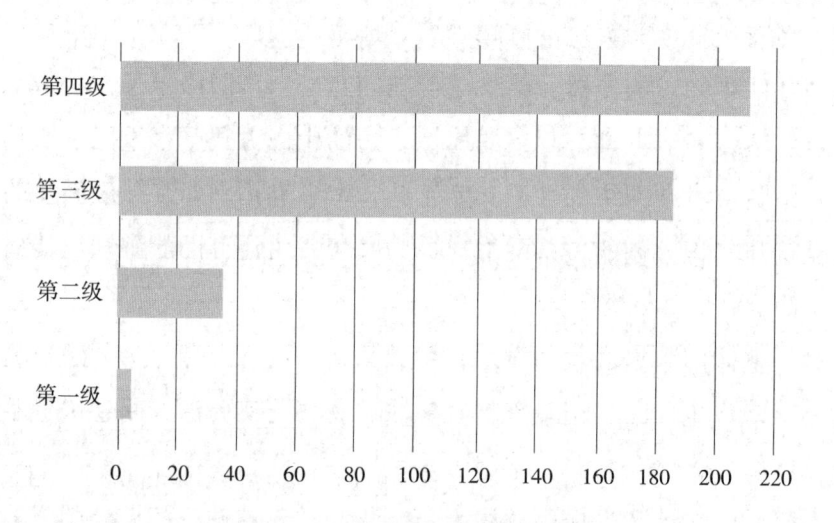

图 4-1　各级用户规模示意图

本书采集数据对象总数为223个，四级用户总数为435个，重复率达95.7%，表明马蜂窝"问答"社区中高达95.7%的用户既作为知识供应方，也作为知识接受方，展现了成员角色的多元化特性，仅11个用户作为某一级节点（角色单一）存在。由此可见，"问答"社区的知识传播极为活跃，马蜂窝作为以"旅游攻略，自由行，自助游攻略，旅游社交分享网站"著称的平台，名副其实。

4.2 属性数据

互动是旅游虚拟社区存在的基础，交流推动了社区中知识流、关系流及情感流的形成，进而构成、丰富了旅游虚拟社区中可以共享的资源。因此，研究社区成员之间的互动关系是探究旅游虚拟社区网络最重要的内容之一[15]。在旅游虚拟社区中，参与成员可以通过发布帖子分享旅游体验、展示旅游行程安排，甚至反馈旅游过程中遇到的问题，也可以提出问题等待解决，其他成员通过对帖子的回复、讨论，建立起成员之间的互动关系，进而构建旅游虚拟社区的知识交流互动关系网络。在这一过程中，知识共创不同角色成员与虚拟社区社会子系统进行知识耦合：分享知识、吸纳知识、传播知识。在这一循环不断的耦合过程中，用户的个体认知子系统和虚拟社区子系统中的知识得到了更新、完善和提高，通过知识共同创造过程，实现增加新知识、解决新问题的目标。

依据用户知识管理行为类型的差异，可将网络社区中的用户分为"主动型用户"和"被动型用户"[158][160]。借鉴这一分类思路，本书将旅游虚拟社区知识共创用户角色划分为知识贡献者、知识吸纳者、知识传播者和沉默者。知识贡献者主动分享自己的经验、体会、知识，具体表现为积极发帖、评论、回复等知识共创行为；知识吸纳者从社会子系统中不断吸收他人经验和知识，消化吸收，表现为或主动提出问题等待解决，或直接询问特定用户群，抛出问题激发各方参与讨论；知识传播者从社会子系统中积极主动地吸收他人经验和知识，同样也积极主动地贡献已有知识，表现为经常在社区中更新帖子、回复他人问题、转载引述他人攻略等，是社区子系统的活跃分子；沉默者一般既不主动分享自己的知识也不积极吸纳他人知识，更不会频繁转载传播知识，消极对待社区中的事务，表现为不作为、偶尔登录社区，仅短时间浏览网页等，是社区子系统的"无贡献"成员。

在马蜂窝"问答"社区中，所有用户既可以通过社区平台发布信息，成为知识贡献者，亦可通过查阅他人网站获取知识，成为知识吸纳者；还可能因为频繁发文、回复、浏览、转载等行为成为知识传播者，即社区中的知识共创活跃分子。

对于知识贡献者而言，需要具备知识贡献能力（knowledge contribution ability，KCA）。首先，成员自身需要有一定的知识储备，才可能将自己的知识进行传播，这是知识贡献者个体特性的表现，这种内部属性展示了其自身知识共创的能力，属性值越大表明该用户拥有更多的、丰富的旅游知识和体验可供分享，是知识贡献者知识储备能力的体现；其次，知识贡献者需要具备知识传播的意愿（knowledge contribution intention，KCI），有了意愿才能真正地进行知识共享的行为，这是其外在特性的表现，这种外部属性，表明其将在多大程度上通过自身的知识展示、吸引其他用户，使他人成为自己知识的传播者、吸纳者，这与知识贡献者的知识传播能力、技巧等传播意愿有关，当知识贡献者越是具有强烈的旅游知识传播动力、爱好时，越是能想方设法地撰写、美化、丰富文案内容，提高质量，并认真回复疑问获得对方认可。

对于知识吸纳者而言，其个体认知系统的表现属性称为吸纳意愿属性（knowledge absorption intention，KAI）。基于虚拟社区社会子系统提供的环境条件，当虚拟社区社会子系统提供便捷的途径帮助用户进行快捷的查询、提问等操作，或者积极地引导用户使用该虚拟社区的功能解决问题时，用户的吸纳意愿会得到提升；反之，用户可能因为无法及时查找信息、查找信息烦琐、操作不便利而放弃使用，则用户的吸纳意愿降低。另外，社区中的资讯、知识内容丰富、质量较高，则会吸引那些希望能从社区中获取有用信息的用户，甚至会激励这些知识的接收方效仿知识贡献者，主动分享自己的知识，从而一方面促使知识吸纳方改变角色，成为知识传播者，另一方面为社区子系统培养新鲜血液，活跃社区知识共享与创造的氛围；反之，虚拟社区则可能因缺少知识共创各方的角色扮演而逐渐丧失用户的关注、使用，最终被淘汰。

用户节点的编码规则为：根据用户规模设定用户编码为四位数；起始节点编码为 1000；一级用户编码为 1X00，其中 X 为 1～4；类似的，对于一级用户的下一级，即二级用户编码前两位为一级用户编码的前两位，后两位从 01 开始编码；三级用户前四位为其父级用户的四位编码，后两位从 01 开始编码；四级用户选择与在三级用户中有编码的用户群，忽略那些未出现在第三级用户目录中的用户群，以便更集中地进行数据分析。

采集用户编码如表 4-1 所示。

表4-1 马蜂窝虚拟社区用户编码（部分）

编码	用户名	编码	用户名
1000	海风小舟	110102	kido
1100	采采卷耳	110104	大雄爱游历
1101	跳房子的猫	110303	钢牙小嘉
1102	好奇傻死猫赵赵	110304	小A
1103	果小桃	110305	七妙
1111	何洒脱	110306	Rosie Forest
1112	韦苡珊	110307	任袁泰山

根据数据可得性、数据完整性以及研究目的，本书选取各节点用户的以下属性作为虚拟社区知识共创研究的相关信息，这些属性指标给出了节点的历史行为累计值，一定程度上揭示了用户在社会网络中的知识共创参与程度，具体情况如表 4-2 所示。

表4-2 节点用户的属性表

序号	属性	变量名	描述
1	等级	levels (L_{Le})	该用户的综合评价，综合考虑了用户注册时间、发文量、粉丝数等，由马蜂窝平台给出用户等级。等级越高，表明该用户在平台的"重要性"越大
2	关注	focus (F_{FO})	作为知识吸纳者属性。该用户关注其他用户的数量。关注其他用户，可从其他用户处获取旅游相关信息，即知识吸收，属于知识接受者属性
3	粉丝	fans (F_{FA})	作为知识贡献者属性。关注该用户的其他马蜂窝用户规模。体现了该用户的社区影响力和知识传播的扩散能力，属于知识发送者属性中的传播能力
4	足迹	footprint (F_{FP})	作为知识贡献者属性。该用户旅游的地点数，是用户知识累计成果的表现。足迹越多，表明该用户越有分享旅游体验的资讯储备，同时可传播的知识量越大
5	游记	travel note (T_{TN})	作为知识贡献者属性。该用户撰写的旅游体验等资讯，是用户知识累积成果的体现。用户的知识贡献能力越强，越可能撰写大量游记，表明用户知识贡献的活跃性
6	金牌回答	best answer (B_{BA})	作为知识贡献者属性。是该用户对他人提问的回复质量的确认。金牌回答，是知识接受者对知识的承认和认可。与内容数不同，后者是根据用户自身的知识贡献意愿进行把控，前者是知识接受者根据知识贡献者的能力进行的判定，是对回复者的认可、对知识接受的认可程度。只有当回复满足了自身所需、解决了实际问题，用户才有可能对其打分，使该回复成为"金牌回答"，这也有效避免了"灌水"等无效信息"霸屏"、占用时间和系统资源的情况。金牌回答越多，表明用户知识贡献能力越强，认可度越高
7	阅读	reading volume (R_{RV})	作为知识贡献者属性。用户的游记被其他用户阅读的次数（可理解为精品细读）。用户的旅游相关知识越丰富，越能提供有价值的资讯，该用户越能被认可，其旅游知识被传播的可能性更大、传播的范围也更广

续 表

序号	属性	变量名	描述
8	内容数	content (C_{CO})	作为知识贡献者属性。该用户回复其他用户的帖子数量。用户越有帮助他人解决困惑的意愿,对旅游相关知识的掌握越丰富,才越有把握对其他用户的问题进行回复,才可能有足够的储备知识、体验和感悟与他人进行分享
9	采纳率	adoption Rate (A_{AR})	作为知识贡献者属性。该用户回复其他用户提问后,被认可且标记为"采纳"的数量。与金牌回答不同,采纳率是马蜂窝知识吸纳用户的自主认定,即根据回复质量,用户可以选择将回复设置为"采纳为最佳答案";而金牌回答是平台对用户回复的认可。因此,用户的知识贡献意愿越强,越可能认真仔细回复问题,其回复的帖子也就越易被接受和采纳
10	累计访问量	access amount (A_{AA})	作为知识贡献者属性。与阅读数不同,累计访问量是对该用户主页访问的次数累计,并不表示深入或点击某个游记进行细读(可理解为粗略浏览)。每位用户的主页,包括游记、足迹、交流等信息。当用户越细心维护主页,越想办法美化、装饰、丰富主页信息,频繁更新,就越能吸引其他用户的频繁访问、重读。累计访问量越大,表明该用户被更多的用户关注且关注的频率高,该用户的最新旅游信息就能够被更快地传播

4.3 网络构建

进行社会网络分析时,需要依据研究目标构建相应关系网络(矩阵)或属性列向量。①当研究节点之间的相互联系时,需要构建关系矩阵,这类关系数据是关于参与者联系(如是否相互关注)、行为相似性(如是否同属于某类型用户)等方面的数据,它把参与者联系在了一起,可以是1-模数据也可以是2-模数据。本书中的关系矩阵都为1-模数据。②当研究节点的特征时,需构建列向量,列向量是关于某个属性的所有参与者的信息集合,一般是2-模数据。本书中的属性列向量均为2-模数据。属性列向量统一采用二值化处理（均值作为阈值），即将该属性值大于均值的设定为1，否则设定为0。

基于知识管理理论，通过网络结构分析虚拟社区中的知识共创问题，本书构建了两组网络。①对应于虚拟社区社会子系统，创建用户关系网络，体现了用户与用户之间的某种联系。又分为关注关系网络（对应的矩阵以M开头）和相似行为群体关系网络（对应的矩阵以B开头）。前者选取全部或部分用户节点之间的"关注"行为作为构建网络的依据；后者则依据用户在知识共创中的角色参与划分为四类：知识贡献者同类行为关系网络，由此形成知识贡献者同类行为关系矩阵BKC，类似的还有知识吸纳者同类行为关系网络（对应的矩阵为BKA）、知识传播者同类行为关系网络（对应的矩阵为BAC）和沉默者同类行为关系网络（对应的矩阵为BIG）。②对应于个体认知子系统，本书又将其划分为属性列向量和解释变量差异矩阵。其中，属性列向量是针对每一类属性的分析；节点对的属性差异构成了解释变量差异矩阵，借此分析节点对的行为差异对虚拟社区知识共创的影响。

4.3.1 虚拟社区社会子系统网络构建

虚拟社区中的参与者，通过作用定位、行为交互、角色衍化，构成了知识共创社会子系统，其构成方式如图4-2所示。

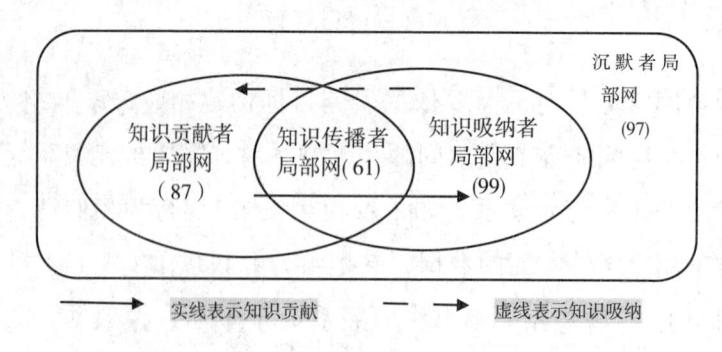

注：括号中的数字表示节点个数。

图4-2 虚拟社区社会子系统知识共创网络构成示意图

1."关注"关系网络构建

本书采集的马蜂窝"问答"社区共包含 223 名用户，存在 4 298 条"关注"关系，数据采集截止时间为 2021 年 7 月。以 223 个用户作为节点，他们之间的"关注"关系为弧，构建马蜂窝社区问答社会子系统的知识共创的复杂网络。对构建的网络做以下三点说明。

第一，虚拟社区是在网络空间形成的虚拟"社会"，由成员相互关联并呈现出一定的社会结构，虚拟社区的发展首先取决于规模[161]，社区群体规模越大，网络结构就越多元，成员间的关系连接也越复杂。马蜂窝注册用户数量过亿，因此无法也无须采集所有用户，只能也只需抽取其中部分数据。考虑到马蜂窝"问答"社区建立的主要目的，是为用户提供旅游知识交流的平台，因此，本书选取当月社区问答排名第一的用户为起始用户节点，采用滚雪球方式进行数据采集，这样的采集方式既具有一定的随机性，也具有代表性，更有可操作性。

第二，用户的"关注"与"被关注"关系可以衡量网络中信息供应与传播的方向和广度，用户的"关注"关系如图 4-3 所示。用户 B 关注了用户 A 后，当 A 发布信息时，B 即能通过社会子系统获得信息，这反映了知识传播方向：从 A 到 B，关注者获取了被关注者的旅游资讯和相关知识，被关注者传播了对旅游事件的体会、感悟等个人情感与旅游知识。而用户"关注"与"被关注"的数量可以反映知识传播广度，显然，被关注度越高的用户，知识单次扩散越广；这类型用户越多，社会子系统的知识扩散范围越大的概率增大。

图 4-3 用户的"关注"关系示意图

第三，由于本书使用的数据采集方式，是从知识吸纳者通过"关注"而追溯到知识贡献者，因此数据编码也采用这种知识"逆序"方式：知识吸纳者的编码较知识贡献者编码等级高。

图 4-3 中的箭头方向，即为关注方向。在社会网络的空间关联分析中，各用户节点是网络空间中的"点"，各用户之间的知识共创行为关联关系是网络中的"线"。"点"与"线"共同构成了虚拟社区空间关联网络。因此，社区知识共创行为空间关联网络构建应以明确各个用户相互之间的关联关系为前提。一般地，明确网络节点关联关系有三种方法：一是格兰杰因果关系检验方法，二是抽样调查法，三是关联关系选取。如使用第一种方法，由于时间序列对数据的样本量要求非常高，对马蜂窝"问答"社区而言，数据是需要长期累积的（从社区建立到现在），很难区分哪些是某一时间点的数据；即使有，也很难反映前后用户知识交流的变化，这必然影响格兰杰因果关系检验的准确性。对于网络用户，由于习惯以匿名（包括姓名、联系方式等）方式进行交流，因此难以进行抽样调查，即使能够抽样调查，数据量大的情况下也很难保证问卷的准确性，这对后续分析将产生极大的差错影响。对于网络结构构建的第三种方法，多数学者以"提问—回复"关联关系作为建立网络的依据。从长期来看，登录虚拟社区并向其提供知识或从中获取知识的用户，又或者积极转发资讯的用户，往往相互交叉，并非以某一个或几个问题的答复作为构建长期关系的依据。因此本书采用"线人"法与滚雪球方式开展数据采集。

为区分不同角色群体"关注"关系对知识共创产生的影响，本书将"关注"矩阵分为两类：整体网和局部网。其中，整体网是指由包含 223 名用户的全部"关注"关系构建的网络结构，局部网是根据用户在知识共创中扮演的角色，由从整体网中抽取的该类对象所构建的子群网络。

（1）整体网构建。本书采用虚拟社区中成员间的"关注"与"被关注"这一组关联关系构建网络结构，称之为"关注"关系矩阵（whole focus relationship matrix，简称：MWF 矩阵）。当两用户间形成了"关注"关系后,"被关注者"的信息将及时被其"关注者"获悉,进而为"关注者"提供新的资讯,再结合其实践需求转换为其自身知识储备;但虚拟社区中用户之间的"关系"并非对等的,即用户 i 关注用户 j,但反之未必,这体现了知识共创过程中的角色分配问题,也体现了知识的传播方向,表明 MWF 矩阵为非对称阵;"斩获"知识从来就不是从某一次交流中能立即获取的,往往需要长期积累,而"关注"关系,恰恰来自对其他用户的长期关注而形成了某种"确认"关系,即认可对方的知识正是对自己有用的。长期的"关注",正是用户间构建较为真实的、稳定的社会网络关联的依据,因此以"关注"作为网络联系纽带,较之某次的、带有临时性的、突发性的"提问—回复"更能体现社会网络群体间常态化的知识共创过程;而这一常态化的、持续的知识共创过程,形成了虚拟社区社会子系统。用户"被关注"又可反映知识传播的广度,显然,"被关注"越多的用户,其发布或转发的知识被再次扩散的可能性更大,知识最终被大范围传播的概率也就增加了。由于用户在网络上浏览信息需要一定的成本(如时间成本、精力耗费、网络费用等),因此经过一段时间的广撒网、不加选择的浏览后,用户必然选择那些感兴趣的资讯来源者,即将注意力集中于那些有针对性的"关注"对象,降低了信息搜寻的成本、提高了搜寻质量,因此"关注"这种联系,与知识传播的路径相吻合。具体来讲,本书获取的"关注关系"数据,是该用户关注对象的粉丝数超过 1 万人的用户群体,即关系中的用户仅包括部分"关注"对象。

由统计数据可知,构建的"问答"社区知识传播复杂网络为具有 4 298 条弧的有向弱联通网络,可表示为 223×223 的邻接矩阵,具体结构如图 4-4 所示。

编码	1000	1100	1101	1102	1103	1104	1105
1000	0	1	0	0	0	0	0
1100	1	0	1	1	1	1	1
1101	0	0	0	0	0	0	0
1102	0	0	0	0	0	0	0
1103	0	0	0	0	0	0	0
1104	0	0	0	0	1	0	1
1105	0	0	0	0	1	1	0
1106	0	0	0	0	0	0	1
1107	0	0	0	0	1	1	0
1108	0	0	0	0	0	1	0
1109	0	0	0	0	1	1	0
1110	0	0	0	0	0	1	0
1111	0	0	0	0	0	1	1
1112	0	0	0	0	0	0	0
1113	0	0	0	0	0	0	0

注：表中"1"代表行、列用户有"关注"关系，"0"表示二者间不存在"关注"关系。

图 4-4　社会子系统网络结构图（部分）

数据表示：行用户作为知识吸纳者，列用户为知识贡献者，矩阵中的"1"表示行用户关注了哪些列用户。

在图论中，一般将节点 i 的度（degree）定义为其邻边数目。"问答"社区中所形成的知识传播网络为有向网络，因此节点的度又分为出度（out degree）和入度（in degree）。出度表示节点 i 关注的其他节点数量，出度越大，表明其信息的流入量越大，更容易、更愿意吸收其他节点信息资讯，属于信息吸纳者；入度，表示节点 i 被多少其他节点所关注，入度越大，表明从该节点流出的信息量越大，属于信息贡献者。出、入度都大的节点，称为知识传播中的活跃者（简称：知识传播者）；反之，出、入度都小的节点，称为知识传播中的沉默者（简称：沉默者）。

图 4-5 显示了由 223 个节点的"关注"关系所构成的网络关联图。

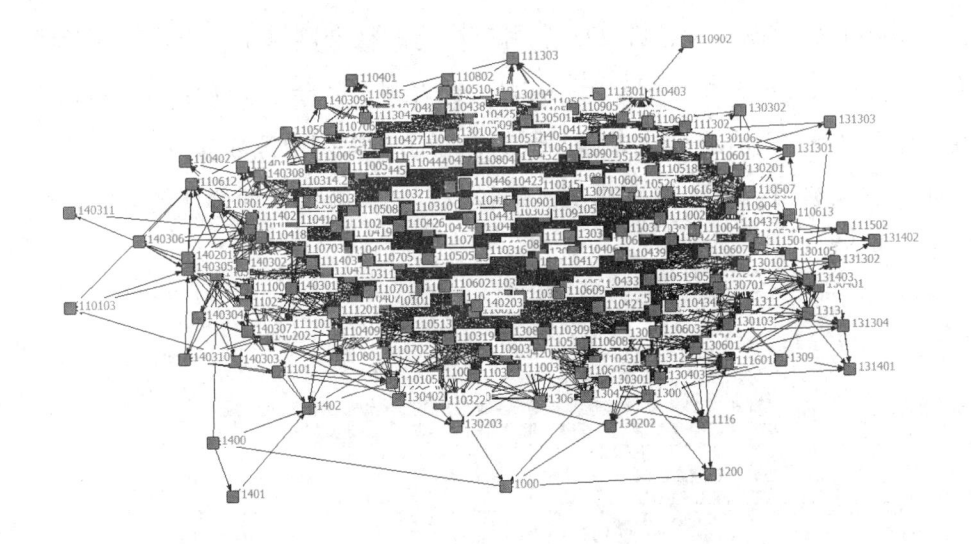

图 4-5　整体网 MWF 可视化图

该图的网络节点和拓扑结构具有以下特征。

其一，网络中的边为有向弧，权值可视为 1 或无权，节点存在以下 4 种形态：孤立节点、只有出弧的节点、只有入弧的节点、出入弧都有的节点。由于采用"关注"作为滚雪球收集数据的依据，因此本书中的数据中没有孤立节点，存在只有入度的节点（出度为 0，不关注任何人）共计 13 个，占总节点个数的 5.8%；其余大部分节点都为出、入度都有的节点。

其二，网络中节点的出、入度值存在较大差异，大部分节点的出、入度值都很小。

用户 i "关注"用户 j 的原因主要有三个：用户 j 是用户 i 的朋友或熟人，如共同参与了出行旅游活动等；用户 j 是旅游虚拟社区中的"名人"，其旅游知识和体验、感悟具有较高的社会认同和社会影响；用户 i 被用户 j 曾经的旅游经验知识所吸引，愿意长期关注用户 j 的旅游信息。第一种原因产生的"关注"关系是双边关系，后两种原因产生的"关注"是单向的。因此关注关系矩阵呈现非对称性。

图 4-6 的数据显示，在 223 个用户构建的社会网络中，出、入度均值为 19，最大和最小出、入度差距极大。这表明，社会子系统中用户的知识共创角色"扮演"存在较大差异。同时由于出、入度中位数为 16（＜均值），说明社会网络中，积极充当知识贡献者或者知识吸纳者的群体要多于不活跃节点规模。

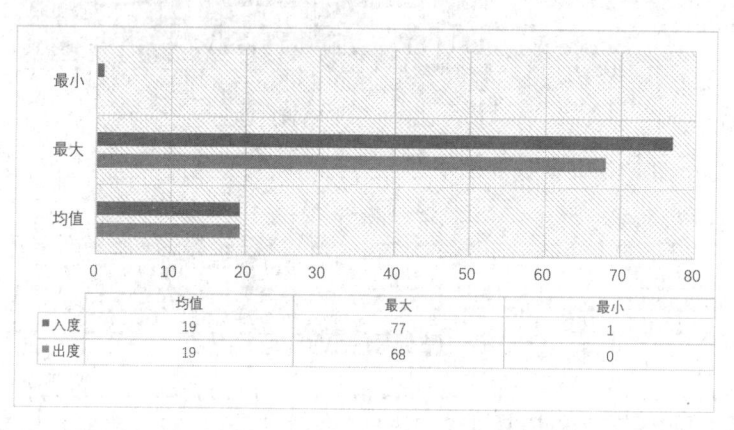

	均值	最大	最小
入度	19	77	1
出度	19	68	0

图 4-6　整体网络 MWF 用户节点的出入度对比

对采集数据进行配对检验，以判定知识贡献者同时作为知识吸纳者的可能性是否更大。数据检验结果如表 4-3、表 4-4 和表 4-5 所示。

表 4-3　节点出入度配对检验的统计数据表

		Mean	N	Std. Deviation	Std. Error Mean
Pair 1	出度	19.27	223	14.855	0.995
	入度	19.27	223	15.007	1.005

表 4-4　节点出入度配对检验的相关性结果

		N	Correlation	Sig.
Pair 1	出度 & 入度	223	0.552	0.000

072

表4-5 节点配对的T检验结果表

		Paired Differences					t	df	Sig. (2-tailed)
		Mean	Std. Deviation	Std. Error Mean	95% Confidence Interval of the Difference				
					Lower	Upper			
Pair 1	出度－入度	0.000	14.127	0.946	-1.864	1.864	0.000	222	1.000

表中显示整体网络中用户的出、入度均值都有一定的变化。在显著性水平为0.05时，概率$P=0.000<0.05$，拒绝原假设，可见节点用户的出、入度之间存在着明显的相关性，相关系数为0.552，即出度越大的用户入度也越大。表明该用户越是愿意共享知识，则也更愿意吸纳他人知识。这也表明起着知识贡献和知识吸纳双重作用的虚拟社区社会子系统这一平台，起到了均衡的作用，既有持续的知识贡献者也有持续的知识吸纳者，而这正是平台能够长久发展的基础。一旦缺失了知识贡献者，平台知识更新缓慢，无法长久吸引用户关注和浏览网站；一旦缺失了知识吸纳者，知识贡献者便没有内在动力持续进行知识更新和供应，平台也将被逐渐遗忘。

管理启示1：从整体来看，马蜂窝"问答"社区对平台中的知识贡献者、知识吸纳者的管理起到了较好的引导和激励作用。

（2）子网构建。为深入分析在知识共创过程中不同群体的"关注"行为对知识共享、转移、创新产生的影响，本书按角色划分将整体网拆分成四个"关注"关系子网。

第一个是知识贡献群体关注关系子网（relationship matrix of knowledge contribution，简称：MKC矩阵）。该矩阵描述的是在知识共创过程中，充当知识提供角色的用户群体之间的关联。当用户i的入度（其他用户对他有"关注"行为）大于等于所有用户的入度均值，且其出度小于出度均值时，则设定该用户为知识贡献者，表示这类角色用户花费较多精力进行知识分享、发送，更加重视对社会子系统知识的贡献；从整体网中截取知识贡献者行、列，由此构建的"关注"关系子网即为知识贡献群体关系子网。MKC关系矩阵隐含了在社会子系统中那些积极提供知识的成员之间的相互"关注"关系，为26×26矩阵，如图4-7所示。

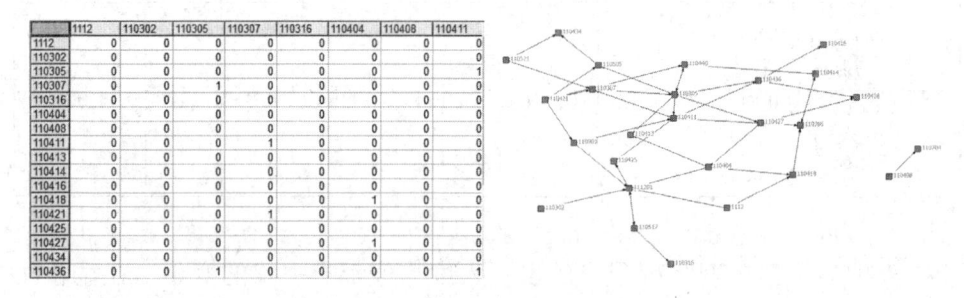

图4-7 知识贡献群体关注关系子网MKC矩阵（部分）及子网可视化图

第二个是知识吸纳群体关注关系子网（relationship matrix of knowledge absorption，简称：MKA矩阵）。该矩阵描述的是在知识共创过程中，作为知识接受方的相似角色用户群体之间的"关注"关系。采用与MKC矩阵相类似的方法，当用户i的出度（他对其他用户有"关注"行为）大于等于所有用户出度的均值，且入度小于入度均值时，则设定该用户为知识吸纳者，表明这类角色用户更希望从社会子系统中获取知识；由这些知识吸纳者构建的关注子群即为MKA矩阵，为38×38矩阵，如图4-8所示。

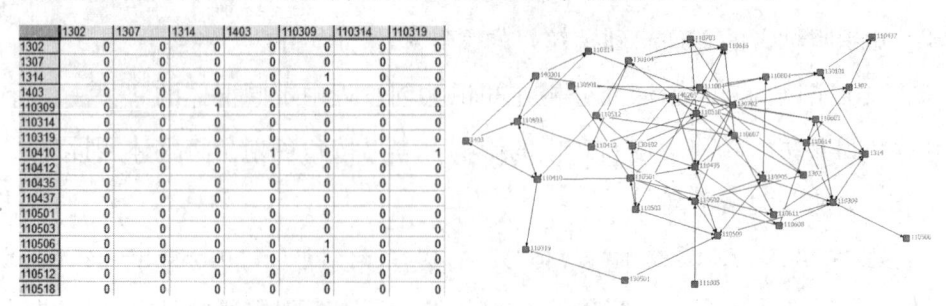

图4-8 知识吸纳群体关注关系子网MKA矩阵（部分）及子网可视化图

第三个是知识传播群体关注关系子网（relationship matrix of activist，MAC），简称 MAC 矩阵。作为网络社群中的参与者，用户既可能是知识贡献者，也可能兼具知识吸纳者角色，这样的用户起到了活跃社区知识传播氛围、加速社区知识创新的作用，他们既积极地分享个人知识，也主动获取网络中其他成员的知识，进而更新自己的知识储备，并将最新的知识转发、传播，改善且丰富了社会子系统中的知识结构和内容。知识传播者的角色和作用不同于纯粹的知识贡献者或知识吸纳者，前者贡献了自有知识，并不主动获取他人知识；后者就个体感兴趣的知识进行自我消化、吸收或保存，并不积极主动地向其他成员提供知识或进行传播，对于网络社区中的知识转移来说，只是充当了"扎紧了口的袋子"一样的角色，对于加速网络中的知识转移、更新和扩充作用有限，而这正是知识传播者担负的责任和价值体现。MAC 矩阵的创建方法为：当用户 i 的出、入度均大于等于所有用户的出、入度均值，即该用户既是知识贡献者也是知识吸纳者时，则设定该用户为知识传播中的活跃者（简称：知识传播者）；由知识传播者构建的关注网络即为 MAC 矩阵，为 61×61 矩阵，如图 4-9 所示。

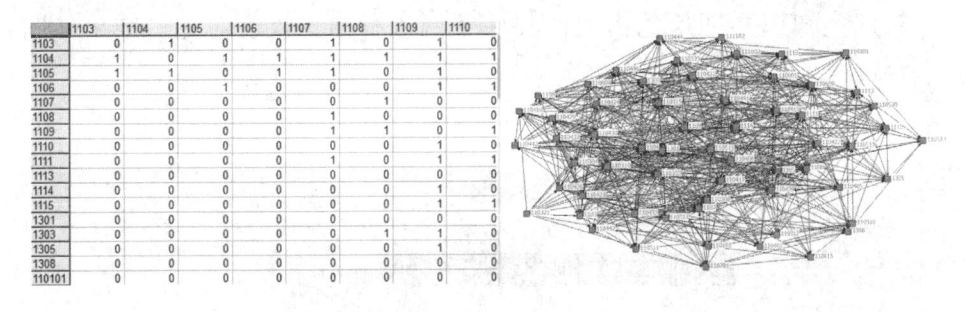

图 4-9 知识传播群体关注关系子网 MAC 矩阵（部分）及子网可视化图

第四个是沉默群体关注关系子网（relationship matrix of Inactive group，MIG）简称：MIG 矩阵。在虚拟社区中，有一部分用户只是极为零星地登录社区，极少关注其他用户，没有为社区知识供应、转移提供有效的和有价值的助力，其表现为极少关注其他用户，由于其主页没有有价值的资讯，也就不会被他人关注。本书称这一类用户为沉默群体，由他们的

虚拟社区知识共创的网络分析：结构、机理与关系

关注关系构建的子群称为 MIG 矩阵，为 98×98 矩阵，如图 4-10 所示。

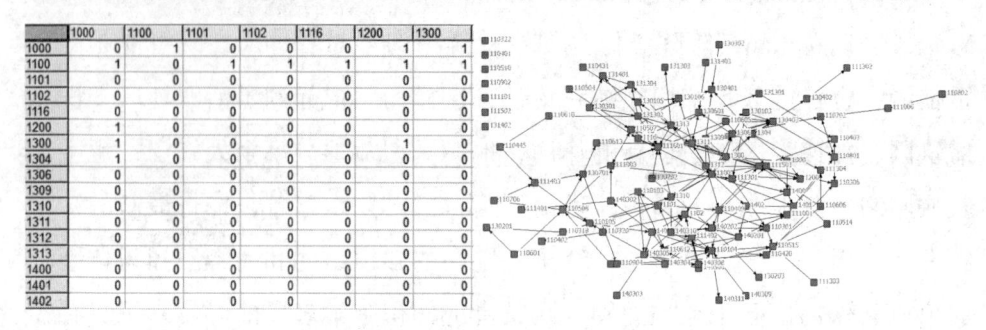

	1000	1100	1101	1102	1116	1200	1300
1000	0	1	0	0	0	0	0
1100	1	0	1	1	1	1	1
1101	0	0	0	0	0	0	0
1102	0	0	0	0	0	0	0
1116	0	0	0	0	0	0	0
1200	1	0	0	0	0	0	0
1300	1	0	0	0	0	1	0
1304	1	0	0	0	0	0	0
1306	0	0	0	0	0	0	0
1309	0	0	0	0	0	0	0
1310	0	0	0	0	0	0	0
1311	0	0	0	0	0	0	0
1312	0	0	0	0	0	0	0
1313	0	0	0	0	0	0	0
1400	0	0	0	0	0	0	0
1401	0	0	0	0	0	0	0
1402	0	0	0	0	0	0	0

图 4-10　沉默群体关注关系子网 MIG 矩阵（部分）及子网可视化图

对比四个关注关系子网可以明显看出，由于与知识传播者和知识吸纳者子网相比，传播者群体规模相对较大 61×61，因此其网络连线明显较多，网络呈现复杂、交错结构；对于沉默群体构建的关注子网，虽然规模是最大的 [98×98]，但因成员在社区中的"知识活动"较少，因此网络连线与其规模相比较少，并且有明显的"孤岛"节点，说明这些独立节点与其他沉默者没有任何知识交流。

对四类知识共创角色构建的关注子网进行出、入度对比，结果如图 4-11 所示。

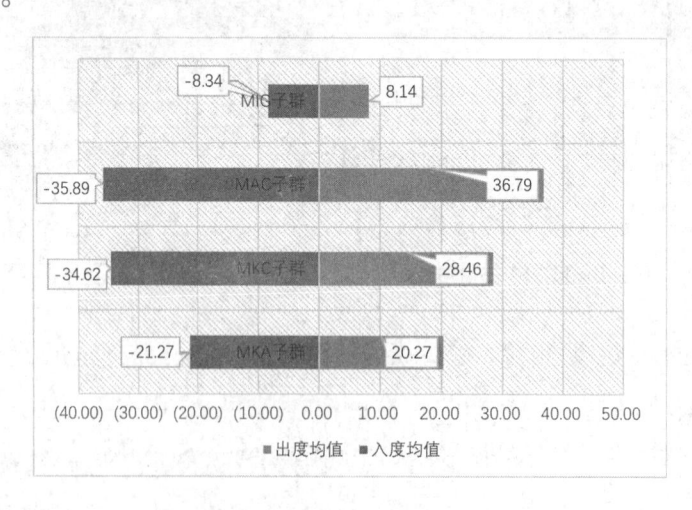

图 4-11　四类子网出入度对比

076

从图4-11中可以看到：虚拟社区中的知识共创活跃分子的出、入度均最大；作为社区中的知识供应方，MKA子群的入度（21.27）仍然小于活跃子群MAC的入度（35.89）；同样的，社区中的知识接收方MKA子群的出度（20.27）也小于活跃子群MAC的出度（36.79）；而知识供应方MKC子群的出度（28.46）、知识接收方MKA子群的入度（21.27）均大于沉默子群MIG的出度（8.14）和入度（8.34）。这表明在社区中的知识贡献、转移、创新，更多地来自知识传播活跃子群，而沉默子群对社区的影响不大；但对比知识贡献与知识吸纳可见：MKC子群的入度大于MKC子群的出度（34.62>28.46），意味着虚拟社区子系统的知识供给大于知识需求，马蜂窝"问答"社区中有大量旅游相关知识，但这些知识的受众面、影响广度还有待提高，社区的知识服务还有很大潜力。

管理启示2：马蜂窝以UGC著称，从数据的分析来看，知识供应的确丰沛，但对知识的应用却稍显不足。在社区存在一批参与性极高的用户群，这是马蜂窝的宝贵财富，需要加以识别并努力维持这些用户与平台的关系。不活跃或者参与度不高的群体虽然对社区的"贡献"有限，但规模不小（有98个节点用户，占总采集规模的43.95%），因此还应当激活这部分潜在用户，只有这样才能不断壮大社区活跃用户数量，培养知识共创的新鲜血液，扩大平台在行业中的影响力。

2. 相似行为关系网络构建

同类型角色网络，表明知识共创中的四种类型参与者之间行为的相似关系，如同在一个社会群体中，男性和女性的行为各自有其相似之处。具体构建规则为：当节点i和j同属于某种类型的参与者时，对应矩阵行、列交叉位置设定为1，否则为0。该矩阵表明同类型知识共创参与者之间的行为有相似关系。相似行为关系矩阵均为223×223规模。

知识贡献者同类行为关系矩阵（behavior matrix of knowledge contributors，简称：BKC矩阵）。将知识贡献者作为矩阵分析对象，对应的行、列交叉处设置为1。BKC矩阵表明在该网络中，知识贡献者之间具有主动传播知识、分享经验、共享感悟等相似的知识供应行为特征，具体如图 4-12 所示。

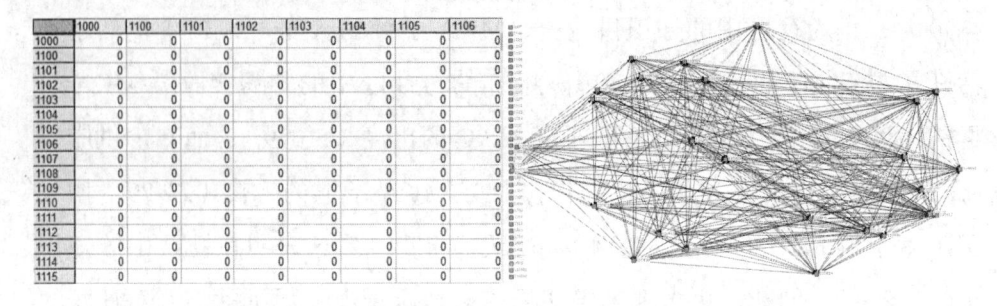

图 4-12　知识贡献者同类行为关系 BKC 矩阵（部分）及网络可视化图

知识吸纳者同类行为关系矩阵（behavior matrix of activist，BKA）。当两节点用户 i，j 同属于知识接收方时，对应矩阵交叉位置设定为 1。该知识吸纳者行为矩阵揭示了知识吸纳者之间的相似的知识接收行为关系，如该网络中标识为 1 的节点对，都有类似的经常性浏览他人主页、长期关注其他用户等知识吸纳行为，而标识为 0 的节点对之间没有这种"共性"行为，如图 4-13 所示。

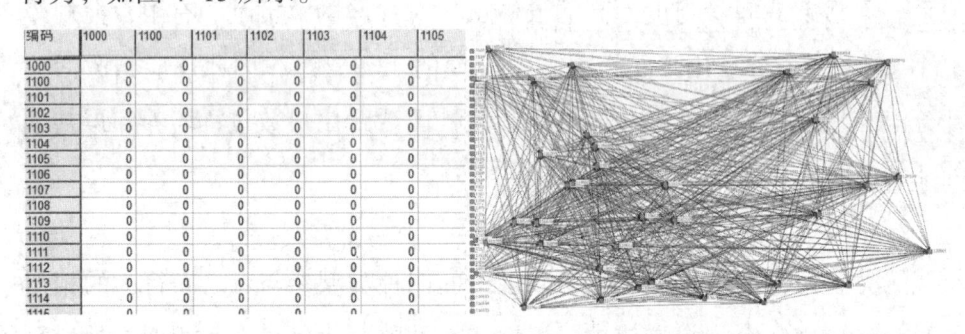

图 4-13　知识吸纳者同类行为关系 BKA 矩阵（部分）及网络可视化图

知识传播群同类行为关系矩阵（Behavior matrix Of activist，BAC）。类似的，当用户节点对 i，j 同属于知识传播活跃分子时，对应的 i 行 j 列和 j 行 i 列交叉处标识为 1，否则为 0。标识为 1 表明这一对节点的知识共创行为是相似的，具有行为相似性关系，如图 4-14 所示。

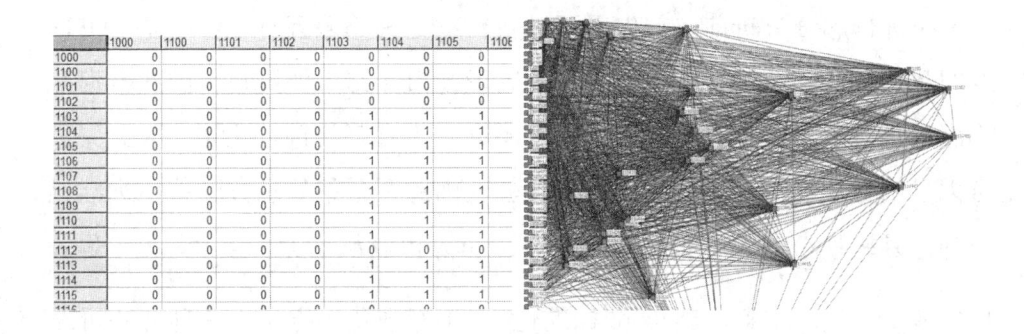

图 4-14　知识传播群同类行为关系 BAC 矩阵（部分）及网络可视化图

沉默群体同类行为关系矩阵（behavior matrix of inactive group，BIG）。对于用户群中的节点对，若二者的出、入度均小于整体网出、入度均值，则相应矩阵位置为 1，否则为 0，表明这二者的知识共创行为不相似，如用户 i 是积极的知识传播者，但用户 j 却可能是沉默群体中的一员，具体情况如图 4-15 所示。

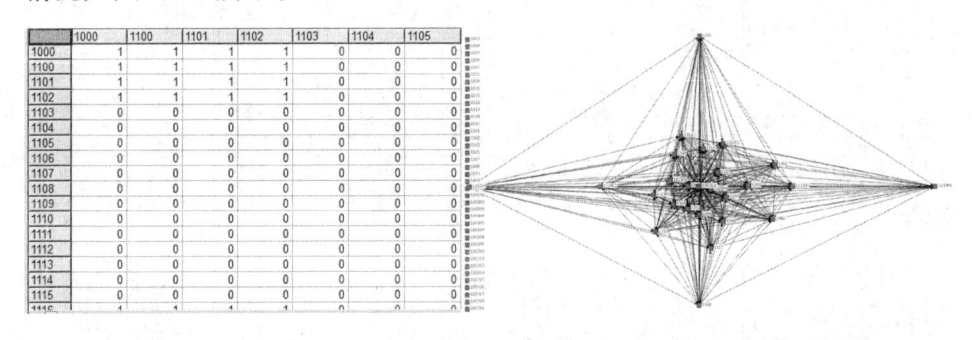

图 4-15　沉默群体同类行为关系 BIG 矩阵（部分）及网络可视化图

4.3.2　知识参与者个体认知子系统网络构建

个体认知子系统的网络关系包括属性列向量和差异网络（矩阵）。前者用于分析个体的知识共创角色，后者用于分析由于个体的知识共创属性存在差异，认知子系统之间的相关关联变化。

在进行后续分析前，首先需要进行数据处理。原因有二：一是本书选取的数据并非完全随机，选取对象为粉丝超过 1 万人的用户，因此数据并不满足正态分布特征；二是数据量纲不同，不宜直接进行比较，因此先进行无量纲处理。由于采用均值进行比较，因此无量纲处理方法采用标准化处理，其转换公式为数值减去平均值，再除以其标准差：$x = \frac{\overline{x} - \overline{x}}{\sigma}$。将数据导入 SPSS 后，采用 Z-score 标准化（0-1 标准化）方法，这种方法可对原始数据的均值（mean）和标准差（standard deviation）进行数据的标准化。经过处理的数据符合标准正态分布，即均值为 0，标准差为 1。所采集的属性经过标准化后如图 4-16 所示。

编码	用户名	等级	关注	粉丝	足迹	内容数	金牌回答	采纳率	游记	阅读	累计访问
1000	海风小舟	0.78738	-0.25061	-0.50933	5.02650	4.68813	9.07949	2.80441	11.30505	1.09251	0.01839
1100	采采卷耳	0.78738	-0.30292	-0.74081	-0.30994	0.65038	-0.04302	1.36182	-0.40682	-0.70611	-0.39092
1101	跳房子的猫	-0.98927	0.20469	2.98469	-0.17088	-0.19036	-0.20430	-0.78258	-0.21404	-0.87217	-0.59276
1102	好奇傻死猫	0.78738	-0.59741	2.58410	-0.36015	-0.20880	-0.20430	0.27013	1.95483	1.20765	1.23085
1103	果小桃	0.78738	-0.46567	1.84211	0.34094	-0.13677	0.07795	-1.01651	0.19564	2.30253	0.74288
1104	Yang	0.30284	-0.37654	0.93876	0.44524	-0.18690	-0.11862	-0.58763	0.36433	0.92047	1.70899
1105	阿音iris	0.78738	-0.29905	0.75445	-0.21337	-0.17999	-0.04302	-0.70460	-0.02125	0.27868	-0.04265
1106	一蕊Aries	-0.18170	-0.28355	0.70100	-0.44707	-0.19958	-0.10350	-0.50965	0.29203	2.42069	0.31863
1107	小圆子圈圈	-0.34322	-0.43660	0.47766	-0.20757	-0.21456	-0.20430	-0.23673	-0.02125	0.30979	0.67657
1108	Yoli_CHIC	-0.66624	-0.48698	0.31921	-0.54171	-0.21226	-0.20430	1.59575	-0.59961	-0.14555	4.37539
1109	依云yiyun	-0.34322	-0.13049	0.21967	0.43172	-0.20822	-0.18918	-1.01651	-0.31043	-0.04045	0.78419
1110	粉色棒棒糖	0.14132	-0.45210	0.16230	-0.31573	-0.13504	-0.07326	-1.01651	-0.47912	-0.13221	0.16073
1111	何洒脱	-1.31229	-0.22930	-0.04052	-0.03182	-0.12006	-0.19422	-1.01651	0.14744	-0.06931	0.86265
1112	韦苡珊	-0.02019	-0.53348	-0.08062	-0.44320	-0.20419	-0.14886	0.54305	0.99089	1.68305	0.51604
1113	双喜与子琛	-0.02019	-0.52379	-0.08578	-0.55909	-0.21283	-0.18414	-0.58763	-0.35863	0.08913	0.42730
1114	贩暖	0.14132	-0.51023	-0.14730	-0.48376	-0.20477	-0.19926	-0.86056	-0.04535	0.51522	0.26820
1115	天弓	-0.82775	-0.49860	-0.19084	-0.29835	-0.16328	-0.15390	-1.01651	-0.18994	-0.20920	-0.35513
1116	不横行的巨	0.14132	-0.02393	-0.66659	-0.58999	-0.17134	-0.15390	-0.62662	-0.55141	-0.95854	-0.72465
1200	林冲	-0.50473	-0.50054	-0.65040	0.13428	-0.19612	-0.20430	0.11417	0.74990	-0.04768	5.34251
1300	Parkney	0.62586	0.18725	-0.84023	3.44276	1.20819	2.13933	0.93294	0.70171	-0.76840	-0.47584
1301	山峰不会写	0.78738	1.64228	1.35353	-0.08010	0.00787	-0.19422	0.77698	0.70171	0.77623	0.62732
1302	凯叔JK	0.78738	-0.33198	1.12461	0.38150	-0.15233	-0.15390	0.93294	1.78614	1.17791	0.51469
1303	雍容makiori	-1.31229	-0.44048	-0.10713	0.35253	-0.10508	-0.15894	-1.01651	0.65351	1.75361	0.14382
1304	Kyle脚步不	-0.02019	-0.29517	-0.64654	-0.44900	-0.14887	0.13339	0.77698	-0.67191	-0.93262	-0.71061
1305	AllenL艾伦	0.78738	-0.22736	-0.24731	3.38675	0.43371	1.15652	-0.54864	0.24384	0.32296	1.00803
1306	吃货羽沫旅	-0.02019	-0.49860	-0.34347	-0.09169	-0.08952	0.15859	-0.66561	-0.26223	-0.57129	-0.56504
1307	AKA阿佟木	0.78738	-0.35717	-0.47202	-0.57068	-0.21341	-0.20430	1.79070	-0.45502	-0.47661	-0.49020

图 4-16　个体认知子系统属性标准化后数据（部分）

图 4-16 显示了部分个体认知系统中节点的属性。为便于后续分析，对所有属性值进行了标准化处理。这些数据值将作为后续属性列向量分析的基本信息。

1. 属性列向量

依据本书研究目的，将个体认知子系统中的属性分为两个大类三个小类：知识吸纳意愿因素和知识贡献因素；其中，知识贡献因素依据参与者贡献知识的出发点，又分为知识贡献意愿和知识贡献能力因素。知识吸纳属性 K_{KAI} 表示用户接受外部知识的能力和意愿，以关注属性进行表述；知识贡献能力 K_{KCA} 表示用户对外分享知识的能力水平，使用粉丝、足迹、游记、金牌回答、阅读表示，这些属性值越大，表明用户具备的知识储备越多，越有能力贡献知识；知识贡献意愿 K_{KCI} 表示用户对外分享知识的意愿强度，采用属性内容数、采纳率、累计访问量表示。

参照表 4-2 和图 4-16，对属性向量按级别、角色进行均值计算，并进行对比分析。

（1）知识吸纳意愿因素 K_{KAI}。知识吸纳意愿、K_{KAI} 影响因素对比分析结果如图 4-17 所示。

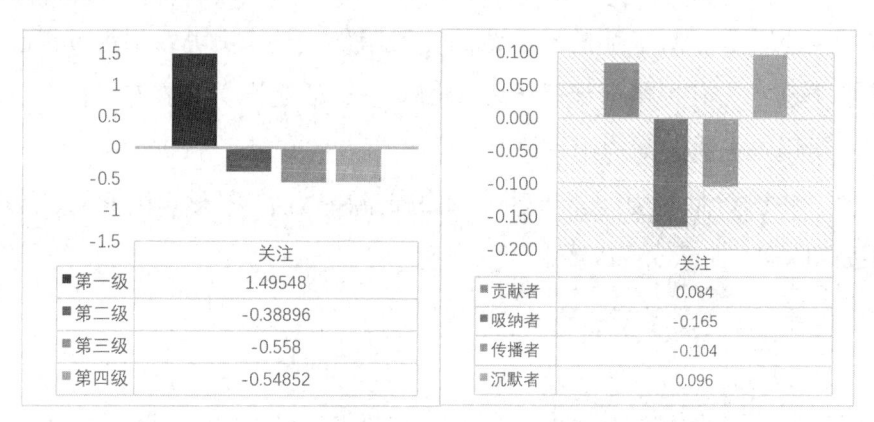

	关注
第一级	1.49548
第二级	-0.38896
第三级	-0.558
第四级	-0.54852

	关注
贡献者	0.084
吸纳者	-0.165
传播者	-0.104
沉默者	0.096

注：左图为分级对比图，右图为分角色对比图。

图 4-17　知识吸纳意愿 K_{KAI} 影响因素对比

知识吸纳意愿因素即为关注度，表明该用户所"关注"的其他用户的规模。用户关注的对象数量越大，表明用户作为知识共创中的知识吸纳者，越可能通过广泛浏览、咨询而获得丰富的知识。

图 4-17 中左图为分级对比，右图为分子群对比。从左图中可以看出，第一级用户的关注群规模最大，第三、四级用户的关注群规模最小，第二级用户居中。这表明第一级用户作为知识吸纳者较其他用户更加积极，他

们有更大可能性大量浏览其他用户主页而获取知识。从右图可以看出，沉默子群 MIG 的关注对象规模最大，而知识贡献子群 MKA 的关注对象规模最小，这表明虽然在虚拟社区中并不积极参与知识贡献与传播等共创操作，但沉默群体却关注了最多的其他用户，不过也仅限于将其收纳在"关注"对象中，没有经常性地查阅、浏览、参与讨论、分享感受等，沉默群体对网络资源的利用太过有限。

管理启示 3：马蜂窝"问答"社区中的用户"关注"关系错综复杂，呈现交叉网状形态，这为社区中知识的传播提供了便利（用户之间建立了多层级的关注关系），但也可能带来负面影响（如造成社会子系统中信息冗余大、增加用户信息搜寻成本的问题）。马蜂窝社区应当及时地对大量资讯进行处理、合并、归纳、删减，既保留用户贡献的知识内容，也便于用户的信息搜寻；对于那些不活跃的注册用户，马蜂窝可以根据其以往关注信息类别，为其提供诸如时段性关切问候、话题推送等服务，由此为各类型注册用户提供超高的用户体验。

（2）知识贡献能力因素 K_{KCA}。知识贡献能力 K_{KCA} 影响因素对比分析结果如图 4-18 所示。

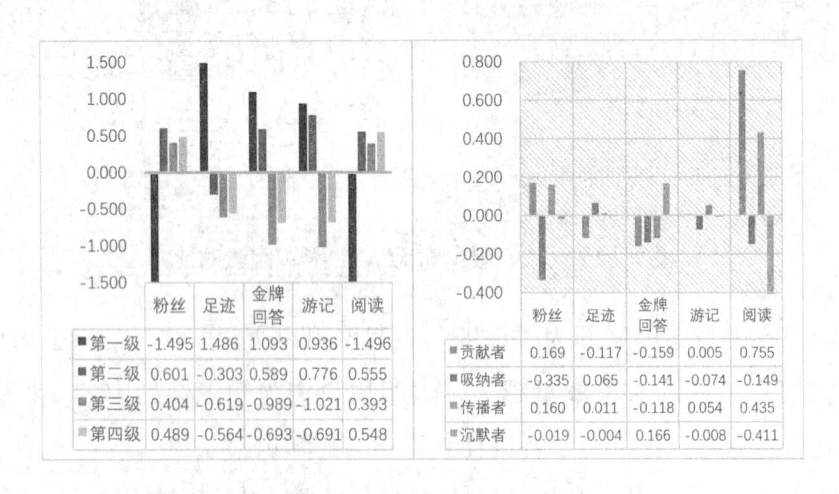

左图（分级对比）：

	粉丝	足迹	金牌回答	游记	阅读
第一级	-1.495	1.486	1.093	0.936	-1.496
第二级	0.601	-0.303	0.589	0.776	0.555
第三级	0.404	-0.619	-0.989	-1.021	0.393
第四级	0.489	-0.564	-0.693	-0.691	0.548

右图（分角色对比）：

	粉丝	足迹	金牌回答	游记	阅读
贡献者	0.169	-0.117	-0.159	0.005	0.755
吸纳者	-0.335	0.065	-0.141	-0.074	-0.149
传播者	0.160	0.011	-0.118	0.054	0.435
沉默者	-0.019	-0.004	0.166	-0.008	-0.411

注：左图为分级对比图，右图为分角色对比图。

图 4-18 知识贡献能力 K_{KCA} 影响因素对比

图 4-18 展示了各级对象知识贡献能力因素,包括粉丝、足迹、游记、金牌回答和阅读五项属性。用户个人知识储备越丰厚,就越有可能贡献更多的知识。这种贡献能力,一方面从自我角度(内部)得以体现,即足迹越多,越可能写出丰富多彩的游记;另一方面从知识吸纳者角度(外部)得以体现,即用户的知识贡献能力越强,其回复被系统认定为"金牌回答"的可能性越高;而游记的更新越快,越可能吸引他人阅读、转载,越可能吸引他人反复访问其"蜂窝",将一般浏览者转变为"黏性"更强的粉丝。对于第一级用户群的 K_{KCA} 影响因素,足迹、金牌回答和游记属性均居前列;但相较于其他用户群,第一级用户群的粉丝规模和阅读量属性最低。这表明该群用户的知识贡献能力虽然极强,但在吸引长期关注者(粉丝)和对游记的"推广"方面,与其他等级用户群存在着不小的能力差距。总体来讲,第二级用户群的各项属性值相对均衡,表明这一群体的知识贡献能力虽然不是最强的,但在吸引其他用户、扩大自身知识影响力方面发挥的作用良好;第三级用户群作为知识贡献者,体现出的贡献能力最不突出。因此,第二级用户群的"知识贡献者"角色清晰,第三级用户群的"知识贡献能力"最弱。

从知识传播链来看,旅游知识的传播途径是通过第四级用户向第三级用户扩散,然后转移到第二级用户,最后达到第一级用户。在知识转移过程中,除阅读量和粉丝外,第一级的各项指标是最大的,第三、四级的各项指标明显小于其他各层级,第二级的各项指标介于其间;可见,在知识扩散过程中,知识得到了积累,从知识发出端获得了相关知识后,知识吸纳者的知识储备明显提升了。这种知识贡献能力属性随着传播链的扩散而逐渐加强,第二级用户起到了极为关键的过渡作用。

就各类型知识共创成员来讲,贡献者和传播者的粉丝最多,吸纳者的粉丝数少于沉默者,这反映了越是有能力贡献知识的群体越能得到他人认可和关注,沉默群体的粉丝数虽然多,但由于这类群体极少更新主页,也不积极参与社区事务,因此这些粉丝容易成为"死粉"(要么长期闲置这条知识吸收路径，要么取消关注）。吸纳者群体的足迹最多，贡献者的足迹最少，这也反映出马蜂窝社区中那些自身有资源（足迹值大）的群体贡献少；热衷于与他人分享知识的群体，并不会因自身资源的限制而减少贡献。沉默者虽然不积极参与社区讨论，但其回答质量极高，他们的金牌回答是四类参与者中最高的。传播者的游记量最大，使其有足够的知识储备可供分享。

数据表明，知识的扩散丰富了虚拟社区中成员的旅游知识，提高了用户作为知识贡献者的自身能力，同时也因丰富了作为社会子系统的平台的知识储备，进而提升了平台的行业影响力，在线评论融合了用户的知识，实现了社区网络的知识共创。

管理启示4：现有贡献者群体的知识储备并非最为丰富，但他们热衷于参与社区知识交流与分享，是"无私"的奉献者，马蜂窝社区应当一方面鼓励这类参与者持续贡献知识的热情，另一方面也应当为其提供可供参考、采纳的知识，改善和丰富其知识储备；沉默者虽然不活跃，但其高质量的回复是社区的宝贵财富。

（3）知识贡献意愿因素K_{KCI}。知识贡献意愿K_{KCI}影响因素对比分析结果如图4-19所示。

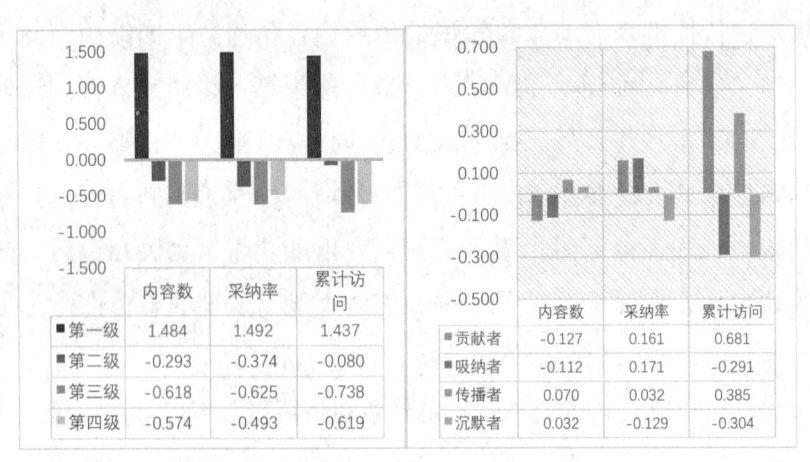

	内容数	采纳率	累计访问
第一级	1.484	1.492	1.437
第二级	-0.293	-0.374	-0.080
第三级	-0.618	-0.625	-0.738
第四级	-0.574	-0.493	-0.619

	内容数	采纳率	累计访问
贡献者	-0.127	0.161	0.681
吸纳者	-0.112	0.171	-0.291
传播者	0.070	0.032	0.385
沉默者	0.032	-0.129	-0.304

注：左图为分级对比图，右图为分角色对比图。

图4-19 知识贡献意愿K_{KCI}影响因素对比

图4-19展示了各级用户群的知识贡献意愿差异，知识贡献意愿影响因素包括内容数、采纳率和累计访问三项属性。用户知识贡献意愿越强烈，越可能花费精力美化、装饰主页，发布形式多样、内容丰富、质量上乘的资讯。这种分享知识的意愿不同于分享知识的能力，后者需要时间的积累与沉淀，前者更多的是受态度影响。因此，当用户发自内心地认真回复他人提问，其回复被采纳的可能性提高，提问者就越可能经常性地访问其主页，以搜寻更多新的有用信息，进而增加该用户的累积访问次数。第一级用户的知识贡献意愿最为强烈，无论是内容数、采纳率还是累计访问量，都远远高于其他等级用户群；第三级用户的知识贡献意愿最弱。这一对比数据表明第一级用户的知识贡献角色最为突出，第三级用户的知识贡献角色最模糊。

从分角色对比来看，传播者的内容数最多，表明这类群体在社区中的活跃行为体现在对他人提问的回复上，由于热情帮助他人，因此其主页经常被其他用户访问，但这类群体的回复质量不高，被采纳的概率较小。吸纳者在回复他人提问时的被采纳率最高，这表明这类群体从社会子系统中获取的知识被消化吸收后，反馈回社会子系统，达到了知识创造的目的。

管理启示5：马蜂窝可以识别那些喜欢回复提问的用户群，帮助他们改进和提高回复质量，减少"灌水"式回复，帮助其他用户避免因阅读大量无用帖而浪费搜寻时间。那些经常认真查阅他人提供的信息，并加以消化吸收的知识吸纳者，是社区新知识的重要贡献者，需要提供更便利的功能供其使用，以帮助他们降低知识转化的难度，为平台知识的积累提供持续的动力源泉。

综合以上对知识共创角色的分析，总结如表4-6所示。

表4-6　各级用户群知识共创角色排序

	知识贡献能力 K_{KCA}	知识贡献意愿 K_{KCI}	知识吸纳意愿 K_{KAI}
第一级	2	1	1
第二级	1	2	2
第三级	4	4	4
第四级	3	3	3

注：排名为1最高，排名为4最低。

表4-6清晰地表明：作为知识共创中的知识贡献者和知识吸纳者，第一、二级是主要角色"扮演者"；第三级用户群在知识共创中的作用不突出，对网络的知识共创贡献最少；第四级用户的知识参与性虽不显著，但作为知识链的发起端，是整个虚拟社区知识共创的重要成员群。从角色来看，由于用户在社会子系统中不断进行知识交互，其角色也不是一成不变的，因此各类因素的排名并不稳定和持续。

2. 属性解释变量差异矩阵

对于社区中的用户，其各类行为属性存在着差异，为探析属性差异性对知识共创产生的影响，本书构建了个体认知子系统的属性解释变量差异矩阵（difference matrix）：①知识贡献能力属性差异矩阵，包括粉丝规模差异矩阵、足迹差异矩阵、游记差异矩阵、金牌回答差异矩阵；②知识贡献意愿属性差异矩阵，包括内容差异矩阵、采纳率差异矩阵和累计访问差异矩阵；③知识吸纳意愿属性差异矩阵，即关注规模差异矩阵。

差异矩阵采用绝对差异方法构建：先计算两节点相应属性差值，再取其绝对值，最后进行二值化处理（大于该属性差值均值的设定为1，否则设定为0），值为1的表明该节点对之间的差异大于网络中所有节点差异的均值。以采纳率差异矩阵为例，通过节点对之间采纳率属性差异的大小关系构建了采纳率解释变量差异矩阵，可以直观展示用户对在回复他人问题时提供的知识质量高低导致的知识吸纳者对其不同的评价，当用户i和

j 的采纳率解释变量差异矩阵交叉处标识为 1 时，表明用户对的回复质量差异高于网络回复率差异均值，说明二者在知识贡献上的能力存在较大差异。这种行为差异越明显，则越可能更大程度地影响网络知识共创效果，具体数值如图 4-20 所示。

	1000	1100	1101	1102	1103	1104	1105
1000	0	1	1	1	0	1	1
1100	1	0	1	0	0	1	1
1101	1	1	0	1	1	0	0
1102	1	0	1	0	1	0	0
1103	0	0	1	1	0	1	1
1104	1	1	0	0	1	0	0
1105	1	1	0	0	1	0	0
1106	1	0	1	0	1	0	0
1107	1	1	0	1	1	0	0
1108	1	0	1	0	1	0	0
1109	1	1	0	1	1	0	0
1110	1	0	1	0	1	1	1
1111	1	0	1	0	1	1	0
1112	1	1	0	0	1	0	0
1113	1	1	0	1	1	0	0
1114	1	0	1	0	1	0	0
1115	1	1	0	0	1	0	0

图 4-20　采纳率差异矩阵（部分）

以行 1108、列 1100 和 1101 为例。三个用户的采纳率分别为：0%（编号 1100），60%（编号 1110），6%（编号 1101），整体网中采纳率差值的均值为 28%。由于大于均值的设置为 1，否则为 0，因此行号 1108、列号 1110 对应处标识为 "1"（|0%−60%|>28%），而行号 1108、列号 1101 交叉处标识为 "0"（|0%−6%|<28%）。

由此，社会网络分析所需网络结构和列向量都已构建完成，接下来将进行基于知识共创理论的虚拟社区社会网络分析。

4.4　小结

本章选取马蜂窝"问答"社区作为研究数据来源，根据知识共创角色分类相关理论，借助统计分析软件 SPSS 和社会网络分析软件 UCINET 对原始数据进行了处理，构建了虚拟社区社会子系统网络、个体认知子系统网络。其中，个体认知子系统网络依据后续研究要求，分为属性列向量和差异矩阵。本章数据处理的结果将作为后续章节社会网络分析的数据基础。

第5章　虚拟社区知识共创的社会网络结构分析

对知识的贡献、吸收与传播，都属于个体行为：当用户有知识储备且有意愿进行分享时，他将成为知识发送方中的一员（知识贡献者KC）；当节点用户对知识有需求时，他将成为知识接收方中的一员（知识吸纳者KA）；当节点用户认识到吸收的知识有价值，希望保存、转发以便帮助更多其他用户知晓时，他将成为知识链中的活跃分子（知识传播者AC）；当用户对社区中的知识已经不再关注，极少浏览他人主页，也不继续更新自己的主页信息时，他可能成为社区知识共创中的无贡献用户（沉默节点IG）。作为社会网络中的一员，在社区社会子系统（场Ba）影响下，节点又不可避免地受到其他用户的交互作用，也影响着其他节点的知识共创行为，从而在知识转移、传播过程中不断进行着角色衍变；同时也对社会子系统产生反射作用：扩充、更新、删减社会子系统中的知识库。众多各类知识共创参与者之间形成的复杂社会网络结构，以及节点在社会子系统影响下不断调整、更新的个体认知子系统，构成了复杂的虚拟社区知识共创社会网络。

社区网络结构特征对社区的发展有着显著影响[65]。虚拟社区的信息传播效率可通过网络中心性得到反映[67]。网络密度对参与成员之间的关系产生正向影响：密度越高，成员联系就越紧密、互动也越频繁，成员间因此而共享更多的经验、体会和情感[66]。同时，通过促进个体间的知识交流、合作与资源获取，网络结构还影响到社区的整体能力[69]，决定了信息传播的路径、成员关系的连接以及社区联系强度[69]，网络结构的差异也将导致参与个体影响力的不同[68]。其他的网络结构特征，如节点中心度、互动情况、网络嵌入性等对参与成员的知识传播效率也有着显著正向影响[70]。

社会网络分析的一般研究范式为：对点或网络的分析、对子群结构分析以及对网络的核心—边缘的分析。第一阶段主要包括度、中心性等点的参数分析，作为后续研究的基础。通过对点的各类参数的分析，可以了解哪些节点用户在网络中处于"联系"的重要地位，这是从局部微观视角进行的参数探讨。第二阶段的分析主要是探讨成员归属、成员联系紧密程度问题。通过对网络中节点联系紧密程度的区分所构成的子群的分析，进一步明确哪些节点用户之间"关系"紧密，可以结合第一阶段的参数，了解这些子群中的重要、次要节点，深度分析节点间的社会关系连接细节，这是从中观视角进行的探讨。第三阶段主要讨论网络核心构成问题。通过对整体网结构的探讨，明确在网络中哪些子群构成了整体网络的"核心"，哪些节点处于整体网络的"边缘"，这是从宏观视角对社会网络进行的分析。将三个不同阶段、层次的网络结构分析结果进行整合，逐步刻画出虚拟社区中信息、资讯、知识的传播轨迹，为社会网络中的知识共创路径描绘出清晰的脉络，既利于提高用户群体对知识获取的效率，也便于虚拟社区对社区成员知识共创的引导，能提升平台管理者对知识管理的效率。

对网络中"关键"节点的分析是社会网络分析的一个重点，也是简化大型网络分析的主要手段。由于本书主要探讨虚拟社区中知识共创的问题，因此，"关键"节点包括以下几类：第一类，为其他节点知识联系起"桥梁"作用的节点；第二类，作为知识贡献量最大的节点，或作为知识吸纳最多的节点，或作为网络中的活跃分子，起到了积极分享、传播、转发等信息传递作用的节点；第三类，在网络中处于"沉默不语"状态的节点。对于"关键"节点的识别方法，主要采用网络密度、中心性分析、凝聚子群分析和结构洞分析方法。

5.1 网络密度

网络密度（density）是非正式网络中实际拥有的边数与最多可能存在的边数之比，用于量化网络成员之间联系的紧密度[162]：值越大表示节点对之间的联系越紧密，值越小表明节点对之间的联系越稀疏。当网络中的连线数为 l，节点个数为 n 时，网络密度为 $\dfrac{2l}{n \times (n-1)}$。网络密度过低或过高都不利于网络中成员的知识分享和传播：当网络密度过低，表明网络成员之间因缺少足够的联系而无法有效、足量地分享知识；网络密度过高，成员则可能会因为频繁地应对网络交互，而导致精力被分散，或因此付出额外成本（时间成本、精力或物质之外），不利于交流的可持续性。

5.1.1 关注关系网络

将"关注"关系网络抽取出各类角色的相应行、列，构建了四类个体认知子系统，其构建方法见 4.3.1。对各角色对应的"关注"子网进行密度计算的结果如表 5-1 所示。

表5-1 基于角色分类的"关注"关系矩阵密度对比表

		节点个数	Density (matrix average)	Standard deviation
虚拟社区社会子系统 MWF 矩阵		223	0.087	0.2816
个体认知子系统	MKC 矩阵	26	0.066	0.249
	MKA 矩阵	38	0.089	0.285
	MAC 矩阵	61	0.262	0.440
	MIG 矩阵	98	0.0243	0.1540

个体认知子系统的数据均使用各知识共创角色的局部网络。特别注意需要将非有效数据的单元填充为0，否则计算出的密度为1，标准偏差为0。

从知识共创网络密度来看，沉默子系统MIG的网络密度极低（0.0243），知识吸纳者MKA（0.089）、知识贡献者MKC（0.066）与虚拟社区社会子系统MWF（0.087）的网络密度相差不大（且标准差差别不大），知识传播者MAC矩阵的网络密度最大（0.262），远大于其他子系统网络密度，表明个体与社会子系统整体网络的知识交流与共享不频繁。相对来讲，个体认知子系统中，知识活跃者之间的联系最为紧密，成员之间经常互动，不但相互分享知识，也积极地对外传播知识；知识贡献者子群体之间、知识吸纳者子群体之间的联系相对较弱。

管理启示6：没有新的知识供应，社区中成员即使努力"搬运"知识、互通信息，也很难长久维持，平台对用户来说没有提供新鲜的、前沿的、时尚的、有用的知识，就无法"绑定"用户、提高用户忠诚度，平台缺乏活力将使得成员角色倾向于转化成沉默者。鉴于此，平台应当重视对知识贡献者的激励，或通过社会子系统对已有知识进行精细化打磨，减少低质信息规模，将优质知识精准推荐给相应角色用户。

5.1.2 行为关系矩阵

类似地，对角色相似成员进行区分，构建了相似行为关系网络，构建方法见4.3.1.2。表5-2对各角色对应的行为关系进行了密度对比。

表5-2 基于角色分类的行为关系矩阵密度对比表

行为网络	节点个数	Density (matrix average)	Standard deviation
BKC矩阵	223	0.014	0.116
BKA矩阵	223	0.028	0.1661

续 表

行为网络	节点个数	Density (matrix average)	Standard deviation
BAC 矩阵	223	0.075	0.263
BIG 矩阵	223	0.1923	0.3941

从表中可知：知识共创参与者中，分别由知识贡献者 BKC、知识吸纳者 BKA、知识传播者 BAC 构成的同类型参与者的社会网络的密度都极小，而沉默群体 BIG 构成的同类行为社会网络的密度较大。这表明同为一类角色的参与者间，共同行为联系并不紧密；而沉默者群体的共同行为更多，如都不参与发言、都不及时更新主页等，由于他们都属于不关注社区事务的参与者，所以共同之处更多，相似行为构建的网络密度更大。

各类别参与者间的共同行为不一致，可以促进各类参与者角色的衍化，如某人热衷于从他人处了解出行信息，后结合自己的出行体验，提供了更新的、完善的，甚至是可操作性更强的游记供他人借鉴，这样的过程就促使参与者从存储的知识吸纳者转变为知识贡献者，角色的变化不但能带来自身知识体系的更新，也能为虚拟社区社会子系统注入新鲜血液，提升社区知识库的"新奇感"，获得更多用户的关注和使用。沉默者相似行为构建的网络密度虽大，但由于网络中的成员都不主动关注社区事务，所以这样的群体资源被严重浪费了。

管理启示 7：平台应当鼓励不同类别参与者与其他类型参与者之间的沟通交流，提供更加简洁明了的功能，以便用户能快速地找到与自己"知识互补"的其他用户。对于沉默用户，可通过系统后台进行识别，同时向其推送其他类型（如知识贡献者）用户的最新资讯，以吸引这些用户，使其从紧密的沉默者群体中脱离出来，为社区知识创新提供新的动能。

5.2 中心性分析

中心性是社会网络分析中的重点之一，它反映了行动者在其社会网络中所处的地位及权力影响。中心性的度量主要有三个：点度中心度（degree centrality）、中间中心度（betweenness centrality）和接近中心度（closeness centrality）。这些中心性指标用于探讨在社会网络关系中，各个行动者知识交流与传播的重要性和范围，可测量节点对直接交流的处理能力。其中，点度中心度衡量的是成员与其他用户发展关系的能力，表明独立个体在整个网络中的影响力；中间中心度度量的是成员控制网络中其他用户之间建立关系的能力，这不仅依赖该成员与其他邻接用户之间的直接关系，也取决于该成员与网络中其他用户之间的关系，表明节点对网络中其他节点的控制能力；接近中心度表明该节点与其他点的"距离"。点的点度中心度，侧重于分析"关注"中产生的交往行为本身，中间中心度关注对交往的控制行为，而接近中心度从距离角度分析节点的重要性，当节点越是与其他点接近，就越可能是网络的核心。

弗里曼认为，如果研究关注的是交往活动，那么可以采用以度数为基础的测度；如果研究对"交往活动"的控制，则可利用中间中心度；如果分析相对于信息传递的独立性或有效性，可采用接近中心度。但无论是哪一种中心性分析，都仅适用于二值图网络的测量[128]。本书主要借助前两种中心性指标进行分析。

本书的研究工作将社区内部知识共享、转移关系映射到网络节点间的关系（关注关系、同类行为关系），以节点（node）指代参与社区知识共创的人员，各节点之间的知识互动表示为有向连线（line）。如果节点 A 关注了节点 B，则可通过咨询、讨论、提问等方式从节点 B 获得知识，则节点对之间形成了一条由节点 A 指向节点 B 的连线，表示知识、信息的流动方向为从 B 到 A。如果连线指向某一节点则汇集成该节点的入度（in degree），代表该节点获得他人的知识；如果连线从某一节点发出则形成该节点的出度（out degree），代表节点将自身掌握的知识分享给他人。

节点用户A关注用户B的原因包括：用户B的在线评论信息对用户A产生了吸引，是其感兴趣的内容；用户B的被关注度较高，对于新入社区的用户A来说，是减少信息搜寻成本、获取高质量知识的捷径；用户A和用户B在线下熟识，因此将"关注"关联转移到线上。前两种情况下的"关注"一般是单向关系，后一种一般是双向关系。

一个节点的度越大就意味着这个节点越重要，适用于对局部网络节点的中心地位和影响力进行刻画。在有向网络中，每个点的度数可分为入度和出度[163]。出度中心度显示了用户关注程度和用户的兴趣或社交范围。出度大的用户一般喜欢搜集信息、关注其他用户的最新动态或者社交范围较广，属于信息获取型用户，这些用户收集信息的能力很强。入度中心度体现了该用户受欢迎的程度，从一定程度上体现了在网络中的影响力和信息扩散能力。入度大的用户的动态信息能得到更多用户的关注，当他发布一条信息后，该信息可以在网络中迅速散播，是主要的信息贡献者。这些用户发表的个人看法更易引起其他用户的关注，这也成为他进行知识贡献的动力。

5.2.1 点度中心度——建立联系的优势

点度中心度，是指与点直接相连的其他节点的个数。行动者的中心度可以分为两类：绝对中心度和相对中心度。前者适合于在一个规模固定的图中对比各点的"权"，后者适合于对比在不同规模的图中各点的权重。点的绝对中心度是与行动者相连的其他点的个数，也称为点的度数中心度。点度中心度越大，表明该点因与更多其他节点直接联系而处于社会网络的中心，拥有的交流能力越强，信息传播的范围越广。由于该社会网络为有向图，因此点的度又可分为点出度（out degree centrality）和点入度

(in degree centrality)。当该点与多个点直接连接时，该点的点度中心度较高。点度中心度越高，表明该点越是居于网络的中心位置，拥有更多的"权力"[128]。对于有向图又分为点出度和入度。若网络规模不同，则无法通过绝对中心度对不同图点的"权力"大小进行比较，此时需借助相对中心度，它的计算方法是，点的绝对中心度与图中点的最大可能度数之比。

整体网 MWF 的点度中心度如图 5-1 所示。

		1 OutDegree	2 InDegree	3 NrmOutDeg	4 NrmInDeg
6	1104	68.000	64.000	30.631	28.829
51	110308	56.000	44.000	25.225	19.820
7	1105	55.000	45.000	24.775	20.270
92	110426	53.000	28.000	23.874	12.613
53	110310	53.000	42.000	23.874	18.919
105	110439	52.000	56.000	23.423	25.225
160	110901	52.000	27.000	23.423	12.162
72	110406	52.000	29.000	23.423	13.063
83	110417	52.000	54.000	23.423	24.324
8	1106	51.000	56.000	22.973	25.225
46	110303	51.000	68.000	22.973	30.631
159	110804	49.000	13.000	22.072	5.856
96	110430	49.000	26.000	22.072	11.712
201	130702	46.000	1.000	20.721	0.450
11	1109	45.000	51.000	20.270	22.973
64	110321	44.000	27.000	19.820	12.162
58	110315	43.000	32.000	19.369	14.414
112	110446	43.000	44.000	19.369	19.820
90	110424	43.000	32.000	19.369	14.414
110	110444	43.000	22.000	19.369	9.910
9	1107	43.000	39.000	19.369	17.568
47	110304	42.000	57.000	18.919	25.676
150	110701	42.000	22.000	18.919	9.910
89	110423	41.000	25.000	18.468	11.261
107	110441	41.000	34.000	18.468	15.315
123	110511	40.000	38.000	18.018	17.117
202	130901	39.000	3.000	17.568	1.351
108	110442	37.000	23.000	16.667	10.360
13	1111	37.000	29.000	16.667	13.063
142	110609	37.000	28.000	16.667	12.613
71	110405	37.000	21.000	16.667	9.459
132	110520	36.000	25.000	16.216	11.261
99	110433	36.000	30.000	16.216	13.514
88	110422	35.000	30.000	15.766	13.514
137	110604	35.000	23.000	15.766	10.360
198	130501	35.000	1.000	15.766	0.450
130	110518	35.000	12.000	15.766	5.405
161	110902	0.000	1.000	0.000	0.450

图 5-1 "关注"关系网络的中心度（部分）

由于本书依据知识管理理论，将知识共创的参与者进行了类别区分，因此，作为知识贡献者，主要考虑其入度；作为知识吸纳者，主要考虑其出度；作为知识传播者和沉默者，则需要考虑出度和入度。

从图5-1中可以看到，在223个用户节点中，编号为110303的用户，入度最大（in degree=68），表明该用户作为知识贡献群体中最为重要的成员，对虚拟社区社会子系统中知识的扩充与更新，起到了最为显著的作用；编号为1104的用户出度（out degree=68）最高，表明该用户作为知识吸纳群体中极为重要的成员，由于极大的知识需求而起到了激发知识贡献群体积极分享知识的作用；编号为1104用户的出、入度数（out degree=68，in degree=64）均极高，说明在整体网的知识共创过程中，该用户处于传播知识的核心地位；编号为110902的用户，是出度为0、入度为1的节点，则表明因其"表现"不积极而未能对社区网络的知识共创起到推动作用。

度中心性较高，表示其在网络中与较多的节点有关联，其拥有的非正式"权力"和影响力也较多。一个节点与其他节点之间的直接联系越多，该节点的位置越重要。由于该节点有许多联系，因此很少依赖别的节点，它可以访问并且调用其他节点的资源，并且通常作为其他双方通信的中转者，具有通信的决定权[164]。因此，度中心性是一种简单而有效的网络中心性测量方法。在无向图中，度中心性仅取决于节点和其他节点的连接数目。而在有向图中，可以分为基于入度和基于出度的中心性，如果一个节点入度较高，则称该节点具有较高的威望；如果出度较高，则称该节点具有较高的影响力。

5.2.2 中间中心度——控制信息的优势

当描述某个节点需要通过哪个或怎样的路径，才能与其他节点相连时，就需要采用中间中心度参数进行分析。与点度中心度相比，中间中心度刻画的是节点在图中作为"必经之路"的重要程度，可测度一个点影响其他点对间交流的能力。因此，中间中心度可以作为衡量关键节点和连线的指标。

根据中间中心度定义，处于网络中心位置的节点，是经过此点的最短路径条数最多的节点，即知识在网络上传输时负载最重的节点。网络中的中间中心度，体现出知识传播过程中用户控制信息流通的能力，是重要的信息枢纽中心。在"问答"社区中，中间中心度值越大说明该用户处在许多社交网络的最短路径上，该用户具有重要的"知识共创"地位。网络中，信息传输时这些节点信息流最大，即经过这些用户的最短路径条数最多，表明这些用户控制信息的能力很强，即他们获取一条知识后是否吸纳、传播或转发，将会影响到该信息在网络中的传播范围，从而可以看出这些用户在该网络上的重要性。相比整个"问答"社区网络，中间中心度较大的用户可能连接两个或者多个节点，在整个网络中对信息传播起到了关键作用。图5-2展示了网络中部分中间中心度。

		1 Betweenness	2 nBetweenness
6	1104	1811.751	3.693
21	1301	1777.728	3.623
105	110439	1418.807	2.892
8	1106	1392.367	2.838
131	110519	1269.615	2.588
46	110303	1216.560	2.480
25	1305	1136.510	2.316
85	110419	1132.026	2.307
123	110511	1059.478	2.159
1	1000	1058.188	2.157
7	1105	1026.033	2.091
64	110321	1017.134	2.073
24	1304	1008.669	2.056
23	1303	1004.388	2.047
34	1314	968.312	1.974
83	110417	942.213	1.920
40	110102	917.979	1.871
71	110405	910.077	1.855
212	140203	862.786	1.759
42	110104	844.151	1.721
51	110308	809.064	1.649
11	1109	771.088	1.572
81	110415	757.902	1.545
125	110513	752.858	1.535
60	110317	746.453	1.521
38	1403	733.918	1.496
53	110310	706.228	1.439
27	1307	690.584	1.408
142	110609	681.507	1.389

图5-2 "关注"关系网络的中间中心度（部分）

从图 5-2 看出：1104，1301 等用户处于众多节点信息控制中心，远大于整体网的标准中间中心度均值（0.583），这样的节点处于其他任何节点对通信的核心中介位置。这些用户对知识的选取、话题的扩散都起着极为重要的关键作用。

点的中间中心度描述行动者节点对资源的控制力，正如弗里曼指出的："处于该位置的个人可以通过控制或者曲解信息的传递而影响群体。"[132] 因此，当节点的中间中心度越高，表明与其他行动者相比，他处于更多的点对间的最短路径之上，因此在社会网络中，他起到的"桥梁"作用更为显著，更容易"控制"或"约束"其他节点间的交流。中间中心度值越大，该节点越可能因易于"约束"其他节点而成为网络中心。

5.2.3 中心性指标的综合分析

中心性指标之间是有关联的[128]。表 5-3 列举了网络中部分节点的三类参数，结合知识共创的机理，进行"关键"节点的搜寻。考虑到网络规模的差异，本书采用的数值为相对出、入度和标准中间中心度。

表5-3 "关注"关系网络的点度中心度与中间中心度对比（部分）

序	用户编码	相对出度	相对入度	标准中间中心度	知识贡献程度	知识吸纳程度	知识传播程度
	均　值	8.682	8.682	0.583			
1	1104	30.631（+）	28.829（+）	3.696（+）	√	√	√
	1105	24.775（+）	20.270（+）	2.091（+）			
	1109	20.27（+）	22.973（+）	1.572（+）			
	1114	15.766（+）	23.423（+）	1.227（+）			
	110303	22.973（+）	30.631（+）	2.48（+）			
	110304	18.919（+）	25.676（+）	1.289（+）			

续 表

序	用户编码	相对出度	相对入度	标准中间中心度	知识贡献程度	知识吸纳程度	知识传播程度
均 值		8.682	8.682	0.583			
1	110406	23.423（+）	13.036（+）	0.871（+）	√	√	√
	110417	23.423（+）	24.324（+）	1.92（+）			
	110433	16.216（+）	13.514（+）	1.124（+）			
	110439	23.423（+）	25.225（+）	2.892（+）			
2	1108	9.910（+）	14.414（+）	0.582（-）	√	√	
	110423	18.468（+）	11.261（+）	0.533（-）			
	110422	15.766（+）	13.514（+）	0.522（-）			
3	1314	9.910（+）	8.559（-）	1.974（+）		√	√
	1403	9.910（+）	1.351（-）	1.496（+）			
4	130702	20.721（+）	0.450（-）	0.046（-）		√	
	130901	17.568（+）	1.351（-）	0.173（-）			
5	110307	5.405（-）	22.973（+）	0.848（+）	√		√
	110903	5.856（-）	10.811（+）	0.6（+）			
6	110316	1.351（-）	28.829（+）	0.250（-）	√		
	1112	4.505（-）	9.459（+）	0.215（-）			
7	1000	1.802（-）	1.802（-）	2.157（+）			√
	1304	6.757（-）	3.153（-）	2.056（+）			
	110420	8.108（-）	8.559（-）	0.206（-）			
8	140311	0.000（-）	0.901（-）	0.000（-）			
	110105	4.955（-）	3.604（-）	0.577（-）			

注："+"表示该用户的此项参数不小于均值；反之标识为"-"。属于对应角色则标识为√，否则没有标识。

表5-3列举了部分节点的两种中心性参数。最后三列数据表达的含义与本书对节点角色的划分不完全相同。本书划分的四类角色，因考虑其行为的侧重点故角色之间不会交叉；此表的角色仅表示就其参数对比而言知识共创行为的直观效果。本书的角色划分更为严格。

①对于编号为1104，1105等用户，其出、入度与中间中心度均高于均值，表明这类用户既是网络中的主要信息来源，也是信息经过的主要站点；②对于编号为1108，110423等用户，其出、入度高，但中间中心度低于均值，因此这类群体是网络中信息的主要来源，也是网络知识的主要受益者，但不是信息传播的主要渠道，他们的资讯来源或去处，都绕过了他人的冗余交往关系；③用户1314，1403，出度高于入度，且入度小于均值，中间中心度也极高，他们是网络中信息主要收集者，且是信息传递的主要通道；④编号为130702，130901用户的出度高于均值，但入度和中间中心度均小于均值，表明这些节点是网络中信息主要收集者，但不是信息传递的主要通道；⑤编号为110307，110903的用户，入度高于出度，出度低于均值，但中间中心度高，表明他们是网络中的主要信息发送者，且处于信息源的中心位置，一旦这些节点减少了知识的供应，则会极大缩减社会子系统的知识流入；⑥用户110316，1112的出度、中间中心度均小于均值，但入度高于均值，表明这些节点是网络中知识的主要来源，但其他用户提供的信息对他们没有太多的吸引力，这些节点也未能成为网络知识传递的主要渠道；⑦对于1000，1304等用户，其出入度都小于均值，但中间中心度高，表明这些节点虽然在知识的贡献或者获取方面没有太显著的作用，但他们处于网络信息流动的关键位置，因此，当这些节点疏于从网络中获取其他节点的信息或减少对网络知识的贡献时，网络中的知识流动将受到较大影响；⑧对于诸如140311，110105类型的用户，出、入度和中间中心度指标均低于均值，表明这类型的用户在网络中的知识共创贡献极低，其表现为，主页空空如也因此几乎没有"粉丝"关注，只是偶尔浏览他人网页，但没有形成长期的、规律性的习惯，这类用户对于社区

知识没有贡献，属于沉默群体。

同时也应注意，非正式网络成员的中心性过高或过低都不利于隐性知识的共享和传播[165]。一方面，中心性过高的成员，会因负荷过多（如更多的其他用户向他寻求资讯与帮助）而备感压力；另一方面，一旦该用户离开社区，则整个网络的联通性将大受影响；同时，过低的中心性又会导致网络过度分散，缺少权威人物，同样不利于知识的传播。

5.3 小世界现象研究

以下部分探讨这样一个问题：在马蜂窝的"问答"社区中，是否存在着"小世界现象"（small-world network）？基本研究步骤为：对实际获取数据进行中心度等数据的分析，以同样规模的随机模型产生的数据作为实验数据进行对比，从而判定虚拟社区是否存在小世界现象。

规则网络具有较高的集群系数，随机网络具有较小的平均路径长度，而实际的网络两种特征兼具。为此，沃茨和斯特罗伽茨[136]构造了从规则网络向随机网络过度的 W-S 小世界网络演化模型，该模型的构造算法如下。

首先，构造一个具有 N 个节点近邻耦合的规则网络，所有节点围成一个圈，每个节点与其左右相邻的 $K/2$ 个节点相连。

其次，将每一个边的一个端点固定不变，以概率 p 随机重连该边的另一个端点。规定网络中任意两个节点之间不能有重复边，且不能与自身相连。

根据规则，下面将分三步进行马蜂窝中小世界现象的探讨。

5.3.1 马蜂窝数据

网络的距离指标，包括平均距离和直径，用于描述整个网络信息传播的效率，距离或直径参数值越小，传播长度越短，则传播效率越高。当不考虑权值时，最短路径是两个节点之间边数最少的通道，而直径是最短路径中的最大值，则网络的平均距离是所有节点之间最短路径的平均值。学者们发现，在线网络呈现的网络结构都具有较小的平均最短距离和直径，基本符合六度分隔理论，说明在线社会网络呈现了小世界现象，如腾讯微博的平均最短距离小于4，直径小于9。

根据马蜂窝"问答"社区获取的"关注"关系并由此得到的网络结构，计算实际网络的中心性参数，得到数据如表5-4，图5-3所示。在进行小世界现象分析时，需首先对网络关系进行对称化处理，采用对称数据进行后续处理。由于本书研究的目的是探讨节点对之间的知识传递问题，因此对称处理需采用最小值，即当节点 i 关注了节点 j，且节点 j 也同时关注节点 i 时，矩阵对应交叉位设置为1，否则为0。

表5-4　实际网络的传播路径长度参数表

参数	值	说明
overall graph clustering coefficient	0.224	根据局部密度计算出的聚类系数
weighted overall graph clustering coefficient	0.234	根据传递性计算出的聚类系数
average distance (among reachable pairs)	2.719	可达节点对间的平均距离
distance-based cohesion（"compactness"）	0.274	紧密度，是基于距离的内聚。值范围从0到1；值越大表示凝聚力越强
distance-weighted fragmentation（"breadth"）	0.551	加权距离

```
Frequencies of Geodesic Distances

     Frequency  Proportio
     ---------  ---------
  1    1890.000    0.058
  2   11678.000    0.358
  3   13700.000    0.420
  4    4468.000    0.137
  5     776.000    0.024
  6      80.000    0.002
  7       6.000    0.000
```

图 5-3　实际网络的距离结果

从计算得到的距离可见，节点对之间建立知识直接传播（距离是 1）的情况出现了 1 890 次，占总数的 4.2%；节点对之间的距离为 3 的情况出现了 13 700 次，占比达 42%，这一数据说明近一半的用户之间只需通过 3 个其他用户便可建立知识交流的关系。对上述运行的距离结果进行统计描述分析，可得结果如图 5-4 所示。

```
           Descriptive Statistics

                                   1
                              ---------
   1          Mean              2.719
   2       Std Dev              0.877
   3           Sum          88620.000
   4      Variance              0.768
   5           SSQ         265964.000
   6         MCSSQ          25044.176
   7      Euc Norm            515.717
   8       Minimum              1.000
   9       Maximum              7.000
  10      N of Obs          32598.000
```

图 5-4　实际网络的距离矩阵统计结果

从统计得到的结果看，在这个 223×223 的距离矩阵中，平均距离为 2.719，标准差为 0.768，最小距离为 1，最大距离为 7，并且距离为 7 的用户只有 6 个，所占比例极小。这意味着，网络中的知识在各个用户之间平均经过 2.719 个节点用户，最多经过 7 个节点即可相互到达。由于本书采集有一定规则而非采集所有数据，因此该网络是马蜂窝"问答"社区真实网络中的一个随机代表性的子集，可预测整个大的真实网络也应该具有较小的平均路径和直径，呈现小世界特征；并且"问答"社区中的知识传播速度快于其他媒体和社交网络（如腾讯微博平均距离为 3.09，直径为 10[166]），从其较短的平均距离中也可以体现。

5.3.2 实验网络数据

首先构造一个实验网络。由于马蜂窝用户关注的平均点出度为 19.27（数据见表 4-3），节点个数为 223，因此构造一个拥有 223 个节点的随机网络，且设置每个节点的出、入度为 19，再对其进行对称化处理，结果如图 5-5、图 5-6 所示。

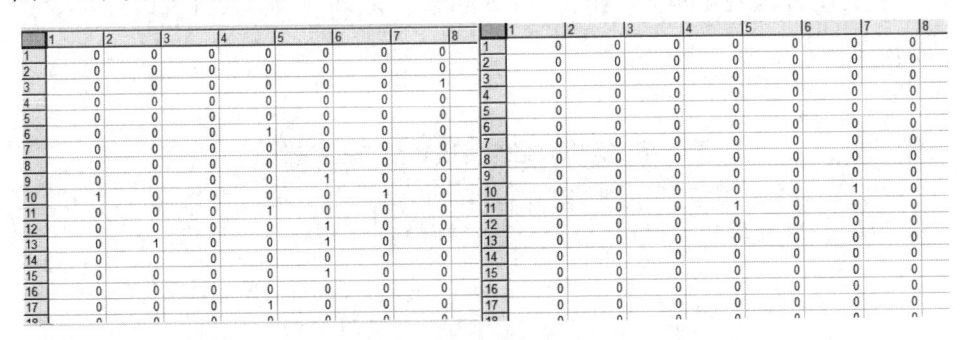

注：左图为随机生成网络；右图为对称化网络。

图 5-5　实验网络的关系矩阵（部分）

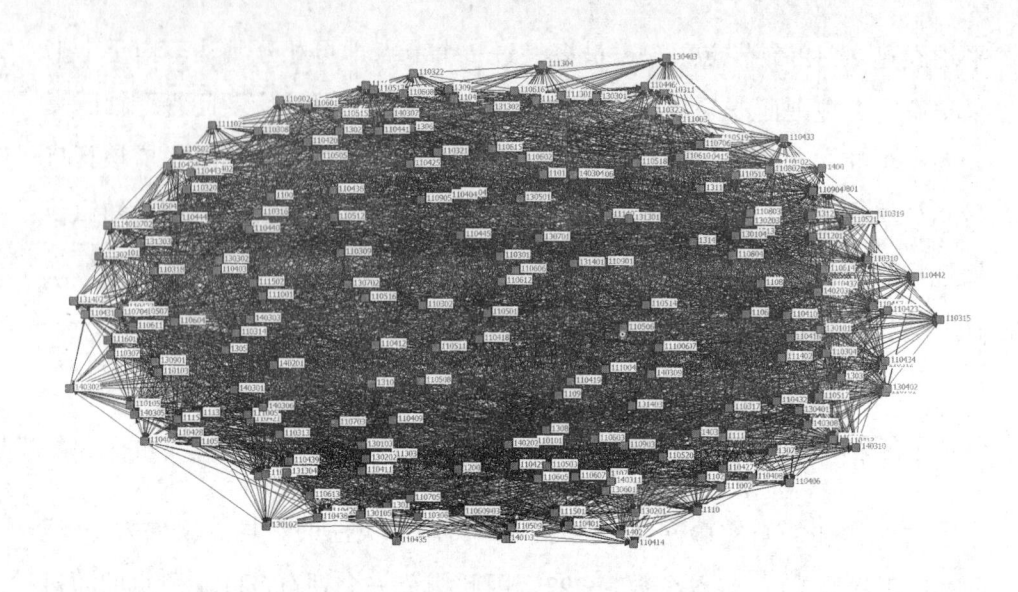

图 5-6 随机生成等规模网络示意图

用上述方法对实验网络的距离参数进行计算，得到结果如表 5-5、图 5-7 所示。

表5-5 实验网络的传播路径长度参数表

参数	值	说明
overall graph clustering coefficient	0.013	根据局部密度计算出的聚类系数
weighted overall graph clustering coefficient	0.012	根据传递性计算出的聚类系数
average distance (among reachable pairs)	8.607	可达节点对间的平均距离
distance-based cohesion （"compactness"）	0.063	紧密度，是基于距离的内聚。值范围从 0 到 1；值越大表示凝聚力越强
Distance-weighted fragmentation （"breadth"）	0.937	加权距离

```
Frequencies of Geodesic Distances

      Frequenc Proporti
      -------- --------
  1    352.000   0.017
  2    490.000   0.023
  3    644.000   0.031
  4    832.000   0.040
  5   1086.000   0.052
  6   1360.000   0.065
  7   1654.000   0.079
  8   1850.000   0.088
  9   1880.000   0.089
 10   1830.000   0.087
 11   1796.000   0.085
 12   1642.000   0.078
 13   1390.000   0.066
 14   1142.000   0.054
 15    906.000   0.043
 16    658.000   0.031
 17    492.000   0.023
 18    370.000   0.018
 19    254.000   0.012
 20    174.000   0.008
 21    114.000   0.005
 22     68.000   0.003
 23     36.000   0.002
 24     16.000   0.001
 25      4.000   0.000
 26      2.000   0.000
```

图 5-7 实验网络的距离结果

从图 5-7 计算得到的距离可知，节点对之间建立知识直接传播（距离是 1）的情况出现了 352 次，占总数的 1.7%；节点对之间的距离为 9 的情况出现了 1 880 次，占比达 8.90%，而距离为 26 的节点出现了 2 次，占比也极低。对上述运行的距离结果进行统计描述分析，可得结果如图 5-8 所示。

```
Descriptive Statistics

                            1
                     ----------
  1      Mean            9.885
  2      Std Dev         4.358
  3      Sum       208000.000
  4      Variance       18.993
  5      SSQ      2455720.000
  6      MCSSQ     399641.688
  7      Euc Norm     1567.074
  8      Minimum         1.000
  9      Maximum        26.000
 10      N of Obs    21042.000
```

图 5-8 实验网络的距离矩阵统计结果

图5-8表明，在这个223×223的随机网络中，平均距离是9.885，标准差为4.358，方差为18.993，最小距离为1，最大距离为26。在这样一个参考的随机网络中，假定每个用户关注19个其他用户，那么任意两个用户之间的平均距离为9.885，意味着两人间需要近10个中间人"搭桥"，这表明在随机网络中用户之间的信息极易进行传播（相比223个用户），新的或所需的旅游资讯都能极快地传播。

5.3.3 两组网络对比

对比实际网络与实验网络参数，结果如表5-6所示。

表5-6 实际网络与实验网络参数对比表

对比参数	马蜂窝数据	随机实验数据
节点个数	223	223
平均度数	19.27	19
平均路径长度	2.72	9.885
聚类系数	0.22	0.013

将表中两组网络数据进行对比后发现，网络的平均长度相近，马蜂窝的聚类系数0.22远大于同等规模随机实验网络的聚类系数0.013，这表明马蜂窝虚拟社区产生的知识传播、信息交流具有典型的小世界现象特征。整个"问答"社区网络可以划分为诸多内部联系紧密、与外界联系疏松的小集合，而这些小集合又可以构成联系较紧密的网络。

管理启示8：在马蜂窝"问答"社区这样一个开放系统中，成员的关系虽然是平等的，没有层级约束，但实际上还是形成了一些小圈子，在这些圈子里，用户间联系频繁，知识交流通畅，也更容易产生新的想法，形成新的知识；圈子外的成员不易与圈内成员形成知识联动。为了尽可能充分地利用虚拟社区社会子系统中的知识（毕竟马蜂窝"问答"社区建立的目的是为更广泛的用户提供旅游资讯和参考），社区应当适当关注、调整这种隐蔽的小群体，使其中的知识更易被群体外用户搜寻到，可以考虑在搜寻算法中设置相应权重，将小群体中的知识设置为与"圈外"知识不同的权重，以便其他用户在搜寻到相似问题时，能够首先或有优先顺序地得到"圈内"知识。

5.4 凝聚子群分析

以上分析了个体节点的重要性，验证了马蜂窝"问答"社区的确存在小世界现象。接下来的问题是寻找节点之间互动形成的小团体的问题。在网络结构中，联系更紧密、更积极的节点用户，会频繁地交流、转发信息，从而推动知识共享、创新过程。为判断、区分网络结构中，哪些节点用户之间的联系更紧密、直接，需要使用凝聚子群研究。

组织内非正式网络中通常存在一些由网络中彼此之间经常进行隐性知识交流与共享的成员所组成的小团体[162]，可借助社会网络分析中的凝聚子群分析方法对这些小团体的结构和特征进行分析。凝聚子群是指满足如下条件的一个行动者子集合：在此集合中行动者之间具有相对较强、直接、紧密、经常的或者积极的关系。非正式网络内小团体的存在使得知识共享存在两面性[167]：一方面小团体成员之间可以保持强关系从而强化隐性知识共享，促进小团体内的知识创新；另一方面，若小团体过于"自闭"、排外，则知识在整个组织内的创新就无法完成，这对组织的长期发展是不利的。较为理想的网络结构是组织中存在一些内部密度较高的小团体，而各小团体之间又有一定的联系，这有利于提高组织的知识管理绩效[168]。

对于凝聚子群的考察，一般分为四个角度。考虑本书研究对象，即参与者通过在社区中分享知识、转发、关注等知识共创行为，希望得到其他

109

人的知识、体验，同时获得他人的关注，因此采用基于互惠的凝聚子群分析，即派系。派系的特点是，群体成员之间的关系是互惠的，并且不能向其中新加入任何一个成员，否则子群的性质将发生改变。

由于派系分析处理的矩阵为对称阵，因此首先进行数据的对称化处理。只有当双方都互相关注，对应的关系才设置为1，因此对称化模式选择minimum。

当minimum size设置为3时，得到473个派系；设置为5时，得到127个派系；设置为6时，得到47个派系；设置为7时，可以得到4个派系。经过测试，最小设置规模为7时最合适，由此可以得到4个派系，如图5-9所示。

```
4 cliques found.

1:  1104 1105 1114 110303 110304 110417 110439
2:  1104 1105 110303 110304 110406 110417 110439
3:  1104 1109 110406 110417 110420 110433 110439
4:  1104 1109 110406 110417 110420 110422 110439
```

图5-9 "关注"关系网络的派系结果

上图显示了在既定参数下的派系及派系成员，共计12个成员。进一步分析得出：其中9个节点（1104，1105，1109，1114，110303，110304，110406，110417，110422）为内部核心层成员；而节点110433 110439为中部核心圈；剩余节点110420为外部核心圈。从中心性参数表5-3分析来看，派系3,4中的110420节点为知识传播者，派系4中的110422为知识贡献者和吸纳者，其余节点三种角色兼具。这从中心性角度再次说明，派系中的成员形成的小圈子，加固了成员之间的"互惠"关系，典型的表现为相互"关注"，相互分享、传播知识。

这表明自身联系紧密的派系节点，在整体网络中也处于核心位置，但这种"核心"仍然可以分辨出"核心的核心"与"核心的边缘"。在上述4个派系中，包含了12个用户，也可以直观地看出派系中重复的节点较多，重复率高表明核心成员之间的联系非常紧密，派系中的成员相互间传递、交流信息的频次更多，但新的知识产生相对不易。因此从知识分享、创新角度来看，应当减少派系间重复成员的数量，以便于拓宽信息交流、分享直至创新的渠道和可能性。

管理启示9：从凝聚子群的分析结果来看，马蜂窝"问答"社区存在着"核心"成员，由这些成员组建了关系较为紧密的子群。对于马蜂窝平台来讲，子群或"核心"成员，能够保证社区的知识供应不中断，并且可能形成类似"意见领袖"的成员，这种核心节点是社区的"核心竞争力"，能够通过他们吸引更多的普通用户加入并长期关注马蜂窝，为企业带来更稳定的甚至规模持续增长的用户群体，进而在行业中占据领导地位。社区应当对这些"核心"成员及其"圈子"进行精心维护和管理，及时给予其所需的各类帮助，并提供优惠条件，以保证社区资源的稳定性。

5.5 结构洞

对于网络结构中的联系节点而言，弱关系处于一个重要的地位，它把网络中的不同群体联系在了一起。

伯特在1992年提出了"结构洞理论"（structural holes）[144]："如果网络中的一个行动者所联结的另外两个行动者之间没有直接联系，该行动者所处的位置就是结构洞。"处于结构洞位置的行动者拥有两种优势：信息优势和控制优势。弗里曼指出[169]："处于这种位置的个人可以通过控制或者曲解信息的传递而影响群体。"占据结构洞位置的成员有更多的机会从不同渠道获取知识，并能增进网络中其他成员之间知识的交流，从而促进整个网络内知识的共享、传播和创新。但当社会网络内存在过多的结构洞时，也不利于成员间的知识共享，因为一旦缺少了这些结构洞节点，其他节点之间就无法通信了。由于控制了不同成员之间的有效联系，占据结构洞位置的成员有利用结构洞优势的倾向，即受自身的偏好、利益等因素的影响，不轻易地将有价值的知识分享出去，从而保持非正式网络内结构洞的存在，导致更多机会成本的产生。

结构洞将网络中的节点联系起来，起到了传递信息的作用。结构洞能为该节点获取"重要信息"或"信息控制"提供可能，因此在网络知识共创的过程中具有竞争优势。结构洞能为该节点用户提供非冗余的知识或信息，从而提高自身在该领域的知识储备；也可通过该节点，为知识或信息从一个群体传递到另一个群体而提供便利。

结构洞的计算指标主要有两类：伯特结构洞指数与中间中心度。本书主要采用第一种指标。伯特结构洞指数是由伯特提出的，囊括四个方面[144]：有效规模（effective size）、效率（efficiency）、有限度（constraint）以及等级度（hierarchy）。①有效规模是指该节点用户的个体网络规模与其网络冗余之差。因此，有效规模代表网络中的非冗余因素。从直观上来看，有效规模越大，表明该用户在网络结构中与更多的用户有"互相关注"的可能，该用户在网络中的知识交流行为越自由，则该用户与其他用户的信息沟通越通畅。②效率是指该节点用户的有效规模与其实际规模之比，其取值为（0，1）。从直观来看，效率越大的节点，在网络中越可能因与某些节点取消关注而无法获得对方信息或资讯，即效率越大的节点，越可能失去其他节点传递的信息。③有限度指行动者在网络中运用结构洞的能力，取值（0，1）。④等级度描述了节点用户在网络中受其他节点影响的程度。直观来看，节点用户的等级度越大，由于对网络中的信息的接收主要来自其他节点，因此该节点用户越易受其他节点影响。一般来讲，参与者的有效规模越大、效率越高、限制度越低，则他的结构洞程度越高。结构洞的数据要求为对称阵，计算结果如图5-10所示。

```
Structural Hole Measures
                 1        2         3         4         5         6         7         8         9
              Degree   EffSize  Efficienc Constrain Hierarchy Ego Betwe Ln(Constr Indirects  Density
   1    1000   3.000    3.000    1.000    0.333    0.000    6.000   -1.099    0.000    0.000
   2    1100   1.000    1.000    1.000    1.000    1.000    0.000    0.000    0.000    0.000
   3    1101   0.000    0.000                                        0.000             0.000
   4    1102   0.000    0.000                                        0.000             0.000
   5    1103  20.000   16.300    0.815    0.152    0.055  233.933   -1.885    0.670    0.195
   6    1104  45.000   34.822    0.774    0.083    0.033  677.516   -2.493    0.869    0.231
   7    1105  32.000   25.188    0.787    0.113    0.052  463.464   -2.180    0.820    0.220
   8    1106  36.000   29.611    0.823    0.100    0.055  653.998   -2.300    0.811    0.183
   9    1107  20.000   14.900    0.745    0.172    0.070  171.752   -1.760    0.761    0.268
  10    1108  11.000    8.636    0.785    0.258    0.068   63.167   -1.354    0.620    0.236
  11    1109  28.000   20.143    0.719    0.131    0.032  231.524   -2.031    0.868    0.291
  12    1110  21.000   17.476    0.832    0.143    0.047  266.833   -1.947    0.667    0.176
  13    1111  16.000   11.875    0.742    0.194    0.067  122.200   -1.639    0.678    0.275
  14    1112   4.000    3.500    0.875    0.406    0.055   10.000   -0.901    0.250    0.167
  15    1113  12.000   10.667    0.889    0.166    0.068  110.333   -1.797    0.351    0.121
  16    1114  30.000   23.000    0.767    0.116    0.055  386.205   -2.154    0.776    0.241
  17    1115  17.000   14.294    0.841    0.165    0.059  192.333   -1.801    0.606    0.169
  18    1116   1.000    1.000    1.000    1.000    1.000    0.000    0.000    0.000
  19    1200   1.000    1.000    1.000    1.000    1.000    0.000    0.000    0.000
  20    1300   1.000    1.000    1.000    1.000    1.000    0.000    0.000    0.000
  21    1301  12.000   10.667    0.889    0.189    0.064  108.000   -1.665    0.449    0.121
  22    1302   8.000    6.000    0.750    0.350    0.049   31.000   -1.051    0.631    0.286
  23    1303  23.000   19.609    0.853    0.134    0.056  336.500   -2.013    0.682    0.154
  24    1304   4.000    4.000    1.000    0.250    0.000   12.000   -1.386    0.000    0.000
  25    1305  24.000   21.500    0.896    0.111    0.056  436.167   -2.196    0.562    0.109
  26    1306   0.000    0.000                                        0.000             0.000
  27    1307  11.000   10.636    0.967    0.132    0.034  106.000   -2.023    0.182    0.036
  28    1308   9.000    7.444    0.827    0.278    0.050   50.000   -1.282    0.537    0.194
  29    1309   3.000    3.000    1.000    0.333    0.000    6.000   -1.099    0.000    0.000
```

图5-10 "关注"关系网络结构洞（部分）

采用对称阵，得到如表5-7所示的结构洞参数信息。

表5-7 "关注"关系网络结构洞参数（部分）

指标	大──────────→小	特征
有效规模 effective size	1104，110439，110417，1106，110303，1105，110310，1114，110446，1305	关键位置
有限度 constraint	1100，1116，1200，1300，1310，1313，1402，1403，110316，110401	边缘位置
等级度 hierarchy	1100，1116，1200，1300，1310，1313，1402，1403，110316，110401	边缘位置
效率 efficiency	1000，1100，1116，1200，1300，1304，1309，1310，1311，1313	对其他成员影响大

由数据分析可知,①成员编号为 1104 的节点用户,具有最大的有效规模(34.822),其次为用户 110439(31.359),表明这些用户处于信息交互的核心位置;二者对应的有限度也是极小的。作为网络信息传递的"权威",其不仅占据了结构洞关键位置,而且其中间中心度极高,一旦这些节点减少信息传递,甚至退出网络,对整个网络中的信息传递将产生极为不利的严重后果。因此,作为平台管理者,一方面应该为这些结构洞节点提供更有吸引力的举措或便利措施,积极挽留其继续在平台发表更多在线评论信息;另一方面应鼓励和培植更多的关键用户以减少结构洞数量,如平台管理者注册用户填补结构洞空缺。②有限度最高的节点包括 1100(1)、1116(1)等,表明所有的限制都集中于这些节点;这些节点的等级度也最大,即这些节点在网络信息交互中极易受到其他节点的影响,不具备对知识的"自由"获取能力,处于知识共创的边缘位置。对于这些处于网络边缘的用户群体,平台也应制订相应对策挽留和增强其活跃度,或者应当监控这类群体的数量,一旦规模变大,应当考虑如何动员、吸引这些潜在知识共创源提升参与度,为平台的发展贡献力量。

结合中心性、凝聚子群结果可以看出,中心性高的用户,一般也属于凝聚子群中的核心节点,处于结构洞中的关键位置,这些节点由于与较多的其他节点直接联系(中心性高),处于信息传导的枢纽位置(凝聚子群的核心),与其他节点"互相关注",信息沟通通畅(结构洞核心),因此在网络中更容易成为知识共创的"主角"。由于缺少与其他节点的直接联系(中心性低),在已有的关系中,联系不够紧密(不属于凝聚子群的派系成员),受到较多其他的控制(有限度高),这种类型的用户很难为网络中的知识共创提供较多支持。

结构洞从对资源的控制、连接角度探讨"核心"成员,与凝聚子群分析结果相比,二者所对应的那些用户无论是在构建的小群体中,还是对于社会子系统来讲,都具有重要的作用和价值。

管理启示 10:通过结构洞分析寻找到的网络节点的重要性在于,他们控制着网络中信息、知识流通的通畅性，因此，马蜂窝应当关注这些处于"阀门"一样位置的节点，并且控制其规模，因为一旦这些"阀门""关闭"（占据结构洞位置的用户成为沉默者群体，甚至退出平台），将严重影响其他用户的信息体验和知识获取：由于已有的寻找资讯的路径被打破而不易寻找到新的获取知识的途径。

5.6 小结

在传统的现实社会中，互动对象、互动频率和互动范围的不同，导致参与成员的社会角色和地位存在差异，从而形成具有"核心成员"与"边缘成员"之分的社会关系网络；旅游虚拟社区也表现出"核心—边缘"差异化发展规律。"关键"成员中的"活跃分子"是这一衍化过程的关键因素，他们往往围绕话题频繁地发帖、回帖、转发，形成热烈交流、频繁互动的社区关系，从而占据核心位置，为虚拟社区中的知识共创提供无穷的动力之源。

本章采用社会网络分析中的中心性、凝聚子群和结构洞分析了"关注"关系中的各类型参与者，从而发现其中的"关键"成员，为平台对用户的分类管理提供了理论依据。

第6章 虚拟社区知识共创的社会网络关系分析

虚拟社区中用户间建立的"关注"关联,往往与用户知识共创相关属性及节点属性间的差异性有关。可以这样设想:用户A关注用户B,是否因为B用户的等级高于A用户?B用户的足迹多于A用户?或者因为B用户的游记数量较多?对于这一系列问题的分析,社会网络研究中使用QAP进行验证。

二次指派程序(quadratic assignment procedure,QAP)是一种对两个(或多个)方阵中对应的各个元素值进行比较的方法,它通过比较各个方阵对应的格值,给出两个矩阵之间的相关系数,同时对系数进行非参数检验,它以对矩阵数据的置换为基础[128]。

在对某种关系对进行假设检验时,由于两类关系间本来就存在着关联性,因此采用常规统计分析方法得到的相关性可能是虚假的。例如,验证"朋友间更容易提供问题解答等帮助"这一命题时,得到的结果可能是肯定的,"的确更容易从朋友处获得问题解答等帮助",即两项"关系"存在着相关性。但由于"朋友关系"本身就是基于相互间经常性的"答疑帮助关系"而构建、巩固和发展的,因此这种结论可能导致分析结论的不准确:由于关系对之间本身的"关联性"掩盖了验证对象之间真实的"相关性"。常规统计方法不能对有关联的"关系"进行相关性验证,即变量之间应该相互独立,此时就需要采用基于置换的检验方法。置换法(permutation approach),也称重排法,其内涵为将原始数据进行随机打乱处理（重排），然后判定在随机情况下得到的这个相关系数大小，从而认定关系间是否存在关联。QAP就是其中的一种方法。

QAP不但可以测量两种关系数据之间的回归，还可以测量相关，测量"属性数据"和"关系数据"之间的关系[170]。在常规的统计分析如多元回归分析中，前提条件之一是要求自变量之间相互独立，否则会出现共线性，它会引起一些问题。例如，在完全共线性的条件下，将得不到参数的估计量；在近似共线性情况下，OLS（普通最小二乘法）估计量非有效。多重共线性使参数估计值的方差和标准差增大，变量的显著性检验失去意义；模型的预测功能失效。QAP是一种以重新抽样为基础的方法，已经在社会网络研究中得到了广泛的应用，其研究对象都是"关系数据"。

基于此，本章主要探讨两类问题：用户知识共创角色与属性之间的关系，以及对知识共创影响因素的判断。前者适合采用属性层次和"点—关系"层次的假设检验；后者适合采用"关系—关系"层次的假设检验。

6.1 用户属性的假设检验

在虚拟社区中，用户的知识共创角色与其属性大小是否具有某种关联？例如，对于个体用户而言，其希望能扩大自己的影响力，从而将个人知识、信息进行更广泛的传播，是否可以通过更多地关注他人，进而获得他人的关注来积累粉丝？若是，则表明个体牺牲一定的时间、精力成本关注其他用户群体，能够获得更多的粉丝数；若非，则表明单纯地关注他人，并不能有效扩大自己的影响力。又如，用户的粉丝规模越大，是否该用户属于知识贡献者角色的可能性更大？用户关注较多对象，是否表明该用户可归属于知识吸纳者角色？用户在"问答"社区中频繁发言、转发其他用户信息，并就自己的亲身体验发表游记、留言等，是否就是网站的知识传播活跃分子？针对不同角色群体的有差异性的对待，是平台精细化管理、以更少的投入（针对不同群体采取不同奖励措施）获取更大收益（提升平台的知名度、获取更多用户关注与支持）的有效手段。对这一类问题的分析，实质是对节点属性与属性之间关联的探讨，需要用到点层次的假设检验方法。

节点的属性，包括等级、游记数、阅读数等用户基本信息（具体见表4-2）。节点的属性层次关系假设，指假设检验涉及的变量均基于这些属性，方法包括回归分析、t检验和方差分析。本书主要采用回归分析和t检验。

由于"问答"社区不属于马蜂窝的主要盈利点，但UGC基因在"问答"社区中却能更好地体现，因此对于社区子系统的管理者而言，若能更容易地判断用户的知识共创类别，并加以精准管理、区别引导，就能以较少的成本投入，维护更大规模的用户群体，从而保持马蜂窝的核心竞争力。同时，用户群体若能通过简捷方法判断其他节点的知识共创角色，则可减少信息搜寻成本，网络冲浪的体验会更好。

类似地，检验其他属性与属性之间的相关性，结果汇总如表6-1所示。

表6-1 属性相关性检验

属性		相关性	R-square	Adjusted R-square	F Value	One-Tailed Probability
粉丝	关注	0.199**	0.04	0.031	9.134	0.009
	足迹	−0.035	0.001	−0.008	0.266	0.604
	内容数	−0.058	0.003	−0.006	0.734	0.242
	金牌回答	−0.083	0.007	−0.002	4.535	0.125
	采纳率	−0.021	0.000	−0.009	0.102	0.752
	游记	0.188**	0.035	0.026	8.053	0.012
	累计访问	0.189**	0.036	0.027	8.154	0.02
	阅读	0.211**	0.044	0.036	10.279	0.008

续表

属　性		相关性	R-square	Adjusted R-square	F Value	One-Tailed Probability
关注	足迹	0.145**	0.021	0.012	4.745	0.029
	内容	0.128*	0.016	0.008	3.695	0.056
	金牌回答	0.105*	0.011	0.002	2.451	0.081
	采纳率	0.074	0.005	−0.003	1.222	0.270
	游记	0.119*	0.014	0.005	3.170	0.065
	累计访问	−0.037	0.001	−0.008	0.309	0.550
	阅读	0.002	0.000	−0.009	0.0001	0.982
足迹	内容数	0.323**	0.105	0.097	25.814	0.005
	金牌回答	0.534**	0.285	0.279	88.286	0.000
	采纳率	0.406**	0.165	0.158	43.707	0.000
	游记	0.398**	0.158	0.151	41.563	0.000
	累计访问	0.074	0.006	−0.003	1.233	0.266
	阅读	0.223**	0.050	0.041	11.527	0.003
内容数	金牌回答	0.473**	0.224	0.217	63.615	0.006
	采纳率	0.217**	0.047	0.039	10.934	0.002
	游记	0.260**	0.067	0.059	15.995	0.007
	累计访问	−0.026	0.001	−0.008	0.151	0.641
	阅读	−0.024	0.001	−0.008	0.124	0.701
金牌回答	采纳率	0.348**	0.121	0.113	30.456	0.000
	游记	0.488**	0.238	0.231	69.106	0.002
	累计访问	−0.014	0.000	−0.009	0.042	0.843
	阅读	0.003	0.000	−0.009	0.002	0.964

续表

属　性		相关性	R-square	Adjusted R-square	F Value	One-Tailed Probability
采纳率	游记	0.211**	0.044	0.036	10.254	0.001
	累计访问	0.064	0.004	−0.005	0.911	0.345
	阅读	0.231**	0.053	0.045	12.415	0.000
游记	累计访问	0.162**	0.026	0.018	5.978	0.029
	阅读	0.454**	0.206	0.199	57.308	0.000
累计访问	阅读	0.580**	0.337	0.331	112.162	0.000

注：*表示10%水平下显著；**表示5%水平下显著。

为便于查看属性间的关联性，绘制图6-1。

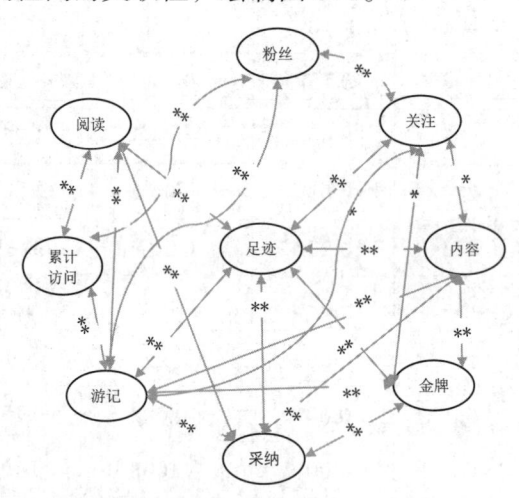

注：*表示10%水平下显著；
　　**表示5%水平下显著。

图6-1　属性相关性示意图

从表6-1和图6-1中可以看到："粉丝"与"关注"之间有正向关联，即关注其他用户多的节点，也能获得更多的粉丝，表明通过这种"互惠"

关系，用户希望能扩大自己的粉丝规模，的确可以通过更多关注他人的方法实现。但粉丝和内容之间的负向关联不显著。

现对属性间关系进行说明。

（1）粉丝越多的用户，其关注规模、游记量和累计访问量也越多。游记数量大，表明该用户能提供更多直接的旅游资讯，因此能吸引到更多的用户浏览，从而形成稳定的粉丝群，由于更新及时，粉丝会经常性地访问其网站，使得累计访问量增加；这样的用户也希望通过关注其他用户群，一方面获取更多知识，另一方面利用关注的"互惠"性使得其他用户也关注自己。

管理启示11：粉丝数多的用户，表明其有更多的信息吸纳者，属于知识的创造者，且其知识更易扩散；相互关注表明双方的知识更易更频繁地传递、交流。粉丝数多的用户之间更易相互关注。网络中具有权威性的用户的观点、知识在网络中的传播速度会更快。若企业、平台需要更快地传播信息，如推广旅游产品，那么关注那些粉丝数多的用户，并与其构成相互关注的"好友"关系，能事半功倍。

（2）除累计访问以外，足迹与其余知识贡献属性都存在正向关系。足迹越多的用户，其关注的对象、回复的信息、金牌回答、采纳率、游记量和阅读量都高。

用户的足迹多、游记量大，表明其知识储备量大，有知识分享的基础；内容和金牌回答多，表明该用户具有较强的知识共享意愿，这样的用户获得其他用户认可的概率大，因此采纳率高。

管理启示12：有分享意愿又乐于帮助他人的用户，具有典型的知识贡献特征。这样的用户不但主动分享知识，积极回复他人提问，也会主动从他人处获取知识。因此适当激励知识贡献特征明显的用户，不但能扩充社会子系统知识库，还能减少平台维护人员在解答用户疑问上的成本花费。

（3）游记数量与知识贡献、知识吸纳属性均存在正向关系。马蜂窝"问答"社区以旅游相关话题为主题，用户进行知识共享或从中获取所需知识。而游记数量，是这一主题持续的基础。无论是分享自己的出行感悟，还是回复他人提问，或者是进行转发，都需要有旅游体验作为支撑。因此，当用户的游记数量增加，他必然有更强的动力分享自己的知识获取社交关注，而为了充实旅游经验，同时也希望自己的游记能与他人有所区别，他会更多地关注其他用户的文案，以便从中汲取灵感。

管理启示 13：当用户希望能获得问题解答、资讯服务时，可以优先选择或系统推荐游记数量多的用户，以提高用户的体验。对应知识共享理论，游记数量多的用户即为知识发送者或知识优势方，提问用户为信息接收者或知识劣势方，其间的"提问—解答"行为对，即为知识传播、扩散过程。以 UGC 为竞争核心的马蜂窝，应当对用户游记进行更为细致的管理，以便更充分地用好这一笔宝贵财富。

6.2 相似行为群体的假设检验

如果参与者的"类型"相同，那么他们在网络中是否更加"接近"？即在社会网络中的知识共创，是否也存在"物以类聚"的现象。比如，同为知识贡献者，编号为 1112 与编号为 110302 的用户，是否在知识共创行为之一的"阅读"上，具有相同的特征？

相似行为者，是指在知识共创过程中扮演同一类角色的群体，他们形成了四类相似行为者并由此建立了四个相似行为关系邻接矩阵。此处需要验证的是：距离近（行为相似）的群体在知识共创行为上是否也类似？

对于一个关系邻接矩阵（如行为相似者的关系矩阵）来说，它与一个单变量或属性列向量（如阅读属性）是否有关，需要采用自相关分析方法。可以用两种指数来检验这种自相关性：Moran's I 系数和 Geary C 指数。它们最初用于测试地理特征上的相似性是否与二者的空间距离有关，后用于度量空间自相关的全局指标。二者存在负相关关系。Moran's I 系数是澳大利亚统计学家莫兰（P. Moran）于 1948 年提出的。Moran's I >0 表示空间正相关性，其值越大，空间相关性越明显；Moran's I <0 表示空间负相关性，其值越小，空间差异越大；Moran's I = 0，空间呈随机性。Geary C 指数用于成对数据（paired comparisons）之间进行的比较，取值范围为 [0, 2]，大于 1 表示负相关，等于 1 表示不相关，而小于 1 表示正相关。两种指标的结果虽然不尽相同，但并无对错之分[128]，因此以下将两个指标的重要参数列举出来，如表 6-2 所示。

表6-2 各类型角色者群体对属性的自相关分析对比表

属性	自相关参数	知识贡献者群体 BKC	知识吸纳者群体 BKA	知识传播者群体 BAC	沉默者群体 BIG
关注 (F_{FO})	autocorrelation	−0.046 1.403	0.019 0.267*	0.005 0.587	−0.004 1.412**
	significance	0.104 0.273	0.175 0.074	0.179 0.152	0.327 0.055
	standard error	0.052 0.652	0.032 0.502	0.016 0.369	0.008 0.255
粉丝 (F_{FA})	autocorrelation	0.008 0.544	0.100** 0.404	0.015* 0.667	−0.015** 1.514*
	significance	0.277 0.309	0.010 0.111	0.080 0.283	0.000 0.068
	standard error	0.050 0.896	0.029 0.698	0.016 0.503	0.009 0.351
足迹 (F_{FP})	autocorrelation	0.003 0.276	−0.031 1.338	−0.009 0.551	−0.014** 1.362
	significance	0.306 0.199	0.126 0.254	0.537 0.171	0.002 0.130
	standard error	0.046 0.733	0.030 0.585	0.016 0.413	0.008 0.304

续 表

属性	自相关参数	知识贡献者群体 BKC	知识吸纳者群体 BKA	知识传播者群体 BAC	沉默者群体 BIG
游记 (T_{TN})	autocorrelation	−0.040* 1.045	−0.002 0.277	−0.001 0.233**	−0.018** 1.766
	significance	0.053 0.156	0.390 0.203	0.318 0.040	0.007 0.160
	standard error	0.040 1.692	0.028 1.284	0.016 0.917	0.009 0.651
金牌回答 (B_{BA})	autocorrelation	0.024 0.012	0.019 0.015	0.014 0.037	0.006 2.204**
	significance	0.207 0.233	0.246 0.173	0.188 0.140	0.103 0.011
	standard error	0.046 1.416	0.028 1.124	0.016 0.810	0.008 0.563
内容 (C_{CO})	autocorrelation	0.015 0.037	0.012 0.028	−0.04* 2.723	−0.005 0.571
	significance	0.297 0.319	0.248 0.142	0.012 0.258	0.441 0.576
	standard error	0.038 2.088	0.025 1.649	0.016 1.188	0.009 0.829
采纳率 (A_{AR})	autocorrelation	0.104** 1.438*	0.008 0.426**	−0.009 0.719*	−0.002 1.226**
	significance	0.031 0.074	0.222 0.001	0.572 0.048	0.224 0.015
	standard error	0.047 0.281	0.033 0.226	0.016 0.160	0.008 0.111
累计访问 (A_{AA})	autocorrelation	0.390** 1.853	0.079** 0.247**	0.125** 1.066	0.086** 0.719
	significance	0.001 0.122	0.023 0.041	0.000 0.426	0.000 0.167
	standard error	0.055 0.683	0.033 0.548	0.016 0.419	0.009 0.282

续表

属性	自相关参数	知识贡献者群体 BKC	知识吸纳者群体 BKA	知识传播者群体 BAC	沉默者群体 BIG
阅读 (R_{RV})	autocorrelation	0.458** 2.873**	0.011 0.420*	0.169** 0.859	0.166** 0.412**
	significance	0.001 0.015	0.203 0.059	0.000 0.449	0.000 0.000
	standard error	0.053 0.609	0.030 0.508	0.017 0.375	0.008 0.261

注：表中后四列数据上一行表示采用 Moran's I 系数得到的相关系数，下一行表示采用 Geary C 指数得到的结果；*表示 10% 水平下显著；**表示 5% 水平下显著。

从"网络邻接性"与"属性相似性"的关系来看，沉默者群体的属性相似性表现得更明显，通过一个沉默者的属性特征，可以判定与之属性相似的节点也为沉默者。如同属于沉默者群体的 1100 和 110103，阅读数分别为 442 495、389 875，都小于均值（158 035），粉丝数分别为 8 839 和 15 616，也都小于均值（21 293）。对于累计访问量和采纳率这两个属性来讲，各类型参与者与这两个属性都有联系，表明这四类参与者在这两项知识共创行动中表现得极为相似。如采纳率均值为 26.07%，累计访问均值为 117 000；对于同是知识贡献者的 1 112 和 110 302，二者的采纳率均高于均值（分别为 33% 和 32%），累计访问均高于均值（分别为 190 455 和 629 607）。

管理启示 14：沉默群体的知识共创行为具有较为典型的相似性。对于平台或企业来讲，动员沉默者积极参与社区活动，将其角色进行转换，可以迅速提升平台参与者的活跃度（沉默群体占比较高）。为此，平台可以先对一些沉默者进行实验，待激励方案成熟，便可向更多的沉默群体推广。同理，可以在某些知识贡献者中推广关于提高采纳率、增加累计访问的策略，一旦在某些用户中验证有效，就可有针对性地向类似群体推广，以最小的试错成本提高平台的知识共创管理效果。企业需要额外注意：适合某类群体的激励策略却未必适合所有类型的参与者。

6.3 社会网络关系模型的构建

除了分析用户的属性对社区中知识共创、用户角色的影响，还需要解答这样的疑问：用户属性的差异性，是否对用户的知识贡献、传播等知识共创行为产生影响？哪些属性的差异将导致这种影响？这种影响是正向还是负向的？

上一节探讨了用户的各个属性之间的关联，即"点—点"层次分析，从而判断用户特征参数之间的变化趋势；"关系—点"层次的分析，用于判断社区中是否也存在"物以类聚"（同样角色的用户之间行为更接近）的现象。下面讨论这样一个问题：不同角色的用户，其行为是否具有差异性（通过属性的差异体现）？例如，知识传播意愿强烈的用户是否更愿意关注其他用户？而沉默类型用户的关注行为是否与其他类别不同？这种分析属于社会网络关系分析中的"关系—关系"层次分析。

6.3.1 研究假设

1. 网络嵌入与知识共创的关系

虚拟社区知识共创网络是一个多重嵌入的网络结构：网络个体以虚拟社区平台为依托，不受地理空间、文化差异、环境因素限制，开展知识交流，形成社区社会子系统；个体在虚拟社区中，不受使用时间、年龄、文化、真实社会身份等因素限制，贡献、吸纳或传播知识，不断充实、更新、完善自身知识体系，形成个体认知子系统。本书以结构嵌入度量网络嵌入。结构嵌入关注知识共创参与者在网络中的"位置"，可以通过用户的等级进行标识。用户等级表明用户在社会网络中的知识贡献程度、参与深度等综合指标，体现了该用户在知识共创中的不同地位，即重要、次要等。不同等级的用户也反映了个体的知识结构、能力等方面的差异。在这样一个多重嵌入的网络体系中，参与个体分布广泛、知识资源存在异质性，必然导致个体间对社会子系统知识依赖关系产生差异，其表现形式为强联结和弱联结。有学者认为[171]，弱联结有助于知识主体接触到与自身知识结构、背景迥然不同的网络节点，从而获取异质性知识资源，通过互补式知识的充实，可以促进知识的传递；也有学者认为[174][175]：强联结可通过信任增强而获取更多的知识，丰富自身的知识储备，能为合作双方带来"人际信任"，更有利于确定获取知识源、降低知识沟通成本，通畅获取知识的渠道，因此这种强联结有助于促进跨组织的技术转移和学习。在多重嵌入下的网络结构是一个动态变化的统一体，具有强、弱联结和关系并存优势，同时由于个体知识资源的异质性，结构嵌入能加速社区子系统知识共创。网络嵌入的差异越大，知识的差异性越大，对社区子系统知识吸收、转移产生阻碍的作用越大，对知识共创的影响越大。因此本书做如下假设。

H1：结构嵌入差异负向影响社区子系统知识共创。

2. 动态能力与知识共创

动态能力由蒂斯（D.Teece）等学者[174]提出，强调整合、重构企业外部知识、资源和技能，以匹配企业环境变化的需求。将这一理论引入个体认知子系统的知识能力体系中，可以回答个体为何以及如何利用异质性资源提升自身知识水平的问题。动态能力[174]包括知识的整合能力，即个体筛选、应用、转发与自身现有知识有关的新知识的能力，也包括对体验、感悟的显示化能力，如对于旅行经历的文案撰写、图片编辑、版面美化等；除此以外，动态能力还包括知识吸收[175]、知识贡献能力[176][177]。依据前人研究成果，结合本书讨论目标，将动态能力确定为参与者吸收、贡献、知识转化能力三个维度。

知识是最具战略价值的核心资源这一认识，得到了理论与实践的双重验证。动态能力存在于知识共创一系列活动中。为实现知识创新，知识主体需要获取更多的知识，促进知识的显性化，实现知识主体间的知识共享，即SECI-B模型中的S，E，C；只有知识主体间频繁交流、互动，加速知识的流动，才能"碰撞出智慧的火花"，创造性地解决新问题，提供新的解决方案和智慧，即SECI-B模型中的I，B。但是用户间的知识水平、理解水平、认识层次存在较大差异，将影响知识的有效交流与沟通。动态能力影响着知识共创，但动态能力差异过大，将影响成员间联系的紧密程度。因此本书做如下假设。

H2：动态能力反向影响知识共创。

H2a：知识贡献因素差异反向影响知识共创。

H2b：知识吸纳因素差异反向影响知识共创。

H2c：知识转化因素差异反向影响知识共创。

综上所述，本书的理论模型如图6-2所示。

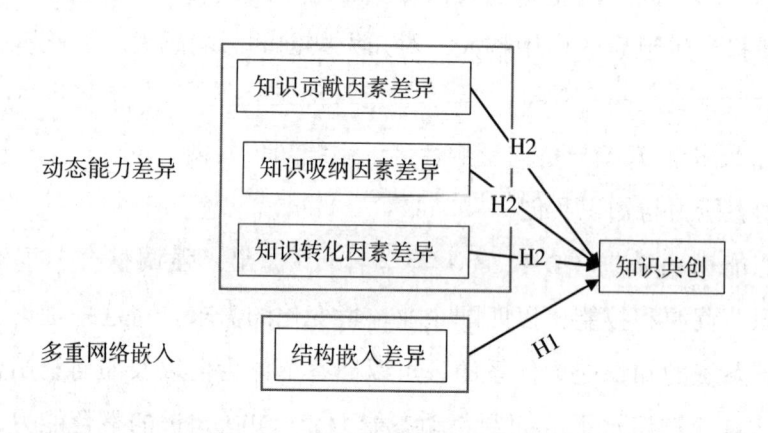

图6-2 理论模型

6.3.2 变量的选取

虚拟社区知识共创即为社区成员之间的相互关联。成员间的频繁互动（以关注为前提）必然促进社区知识共创的发生，社区知识共创的具体表现为建立"关注"关系。因此本书采用"关注"关系矩阵作为社会网络知识共创相关网络结构 Y。

影响知识共创的因素包括知识贡献因素（KCP）、知识吸纳因素（K_{KAP}）和知识转化因素（K_{KIP}）。由于本书研究对象具有"关系"性特征，即用户的知识共创行为不仅受到自身条件的影响，而且受网络中其他用户影响，因此观测变量采用差异取值。

由于节点对的网络结构嵌入存在差异性（表现为等级差异），因而影响了节点对间的知识互动、知识求助、反馈。正是不同用户之间这些动态能力的差异，形成了马蜂窝"问答"社区知识共创空间网络结构形态。

参照社会网络关系分析中的一般研究方法，本书对变量的选取为节点对的参数差异，由此构建差异矩阵。具体规则为：根据各节点该解释变量相关数据，进行绝对差异计算（先计算两节点差值，再取其绝对值），以此构建解释变量差异矩阵，最后再将其二值化处理（大于均值设置为 1，表示二者间的等级差异大，否则设置为 0）。

为深度剖析知识共创中的贡献、吸纳等知识管理行为的影响因素，结合采集数据、相关理论基础，以及表 4-7，本书的变量定义如表 6-3 所示。

表6-3 变量定义

潜变量	观测变量	计算方法	说明
结构嵌入因素 LEP	等级差异	$\Delta L_{LE(ij)} = \left\| L_{LE(i)} - L_{LE(j)} \right\|$	节点对 i, j 的等级属性差异，表明二者的网络嵌入程度存在差异性
知识贡献因素	知识贡献能力差异	$\Delta K_{KCP(ij)} = \left\| K_{KCP(i)} - K_{KCP(j)} \right\|$ $K_{KCP(i)} = \dfrac{F_{FA(i)}}{F_{FA(i)} + F_{FO(i)}}$	知识贡献参数 KCP：粉丝/（粉丝+关注）= 知识发送/（知识发送+知识接受）×100%

续表

潜变量	观测变量	计算方法	说明
知识吸纳因素	知识吸纳能力差异	$\Delta K_{KAP(ij)} = \left\| K_{KAP(i)} - K_{KAP(j)} \right\|$ $K_{KAP(i)} = \dfrac{F_{FO(i)}}{F_{FA(i)} + F_{FO(i)}}$	知识吸纳度 K_{KAP}：粉丝/（粉丝+关注）=知识发送/（知识发送+知识接受）*100%
知识转化因素	知识转化能力差异	$\Delta K_{KIP(ij)} = \left\| K_{KIP(i)} - K_{KIP(j)} \right\|$ $K_{KIP(i)} = \dfrac{T_{TN(i)}}{F_{FP(i)}}$	知识转化率 K_{KIP}：游记/足迹=知识内化/知识储备

构建如下模型：

$$Y = f\left(L_{LEP}, K_{KCP}, K_{KAP}, K_{KIP}\right)$$

在模型中，三个矩阵作为解释变量，对社区子系统的知识共创行为进行验证。所有矩阵为 223×223 方阵。依据前文对参与对象的分析，将知识共创分为四类角色并配以对应编码，如表6-4所示。

表6-4 角色编号

编码	系统调整后的编码	角色
1	1	知识吸纳者
2	2	知识贡献者
3	3	知识传播者
4	4	沉默者

6.3.3 "关注"行为关系与成员属性差异关系的联系

虚拟社区中成员的知识共创的基础行为即"关注"；当节点 i 关注了节点 j，则后者发表的信息能够及时地被前者知晓，此时就形成了一种知识的流向：从 j 到 i。当用户 i 大量搜集了信息后，将这些信息或用于指导自己的旅行，作为旅游方案，或者作为一种观赏，借助他人的视角领略自己暂时无法达成的旅行体验，这一过程就形成了知识共创中的知识发送、转移和吸收。当用户 i 将这些知识进行了确认、修正、完善后，便更新了自有旅行知识库，上传到虚拟社区后，又成为虚拟社区子系统的知识储备，这一过程实质就是知识共创的实现。

1. "关注"关系的结构块分析

首先使用结构块模型进行分析。该方法可以检验不同组别的组内、外关系模式的差异，判别不同的群体是否拥有明显不同的行为模式[128]，邻接矩阵选择为"关注"矩阵，属性列向量为角色分类信息，类别划分仍然遵照前文规则，结果如图 6-3 所示。

```
              Density Table
                 1     2     3     4
                 1     2     3     4
                ----- ----- ----- -----
          1  1  0.048 0.013 0.076 0.013
          2  2  0.013 0.018 0.043 0.009
          3  3  0.076 0.043 0.224 0.024
          4  4  0.013 0.009 0.024 0.005

         R-square Adj R-Sqr Probability   # of Obs
           0.106     0.106     0.0000       49506

REGRESSION COEFFICIENTS
              Un-stdized   Stdized                  Proportion  Proportion
  Independent Coefficient Coefficient Significance  As Large    As Small
  ----------- ----------- ----------- ------------  ----------  ----------
  Intercept    0.005260    0.000000    0.9998        0.9998      0.0000
       1-1     0.043104    0.037366    0.0106        0.0106      0.9892
       1-2     0.007898    0.005764    0.2752        0.2752      0.7246
       1-3     0.071099    0.078384    0.0000        0.0000      0.9998
       1-4     0.007361    0.010132    0.1884        0.1884      0.8114
       2-1     0.007898    0.005764    0.2752        0.2752      0.7246
       2-2     0.013202    0.007842    0.2340        0.2340      0.7658
       2-3     0.037615    0.034567    0.0034        0.0034      0.9964
       2-4     0.003767    0.004343    0.3532        0.3532      0.6466
       3-1     0.071099    0.078384    0.0000        0.0000      0.9998
       3-2     0.037615    0.034567    0.0034        0.0034      0.9964
       3-3     0.218784    0.298744    0.0000        0.0000      0.9998
       3-4     0.018494    0.031447    0.0030        0.0030      0.9968
       4-1     0.007361    0.010132    0.1884        0.1884      0.8114
       4-2     0.003767    0.004343    0.3532        0.3532      0.6466
       4-3     0.018494    0.031447    0.0030        0.0030      0.9968
```

图 6-3 "关注"邻接矩阵的结构块模型分析结果

通过密度表（density table）可见，沉默者（编号为4）群体自身间的联系最少；沉默者与其他角色群体的联系也极少，但与知识传播者（编号为3）的群体联系相对较多；知识传播者内部的联系最为紧密（0.224）；知识传播者与其他角色间的联系相对其他群体之间或其他群体内部联系而言，是比较紧密的。这也验证了对角色的划分依据：知识传播者是网络中知识共创的活跃分子，在网络中起到了知识搬运、促进知识流动的作用。

从回归模型可以看出，结构块之间的差异仅解释了成对关系变异的10.6%。模块沉默者与沉默者的关系作为参照类，即若节点对均为沉默者群体，则二者间存在关系的概率为1；若二者均属于知识吸纳者，则他们之间存在"关注"关系的概率比1大0.043，且这一结果具有显著性。在1%显著性水平下，知识吸纳者与知识传播者之间互相关注、知识贡献者与知识传播者相互关注、沉默者与知识传播者相互关注的概率较大；在5%显著性水平下，知识吸纳者关注知识贡献者的可能性较大。

管理启示15：在社区网络中，知识传播者起到了联系知识供、需双方，增强社区知识共创活力的"搅拌器"的作用。缺少知识传播者，则无论是知识贡献者，还是知识吸纳者都不易相互关注而产生知识的交流，社区子系统中的知识将逐渐老化、缺乏活力。平台管理者应当鼓励知识传播者的"关注"行为、传播行为。

2."关注"的假设检验结果分析

QAP回归分析的目的，是探讨多个矩阵与一个矩阵之间的关系，并对判定系数 R^2 的显著性进行检验[128]，计算结果如表6-5所示。

表6-5　"关系"的回归分析的显著性结果

参数	关系值（显著性）	对应假设（是否被验证）
等级差异因素	-0.028 5***（0.0）	H1（√）
知识贡献因素 KCP	-0.132 1**（0.026）	H2a（√）

续　表

参数	关系值（显著性）	对应假设（是否被验证）
知识吸纳因素 KAp	−0.132 1**（0.027）	H2b（√）
知识转化因素 KIP	−0.000 4**（0.040）	H2c（√）
Intercept	0.057 9	
R-Sqr	0.101 3	
Adj R-Sqr	0.101 0	

注：* 表示在10%水平下显著性，** 表示在5%水平下显著；表中数据为非标准化回归系数，括号中为统计显著性检验结果；√表示对应假设被验证。

从计算结果来看，回归拟合确定系数为0.101 3，调整的确定系数为0.101 0，说明这四组影响因素与知识共创关注关系存在"线性关系"时，可以用上述4个关系矩阵解释知识共创变异的10%。知识贡献差异、知识吸纳差异、知识转化差异与等级差异影响因素的回归系数在统计意义上都是显著的。知识贡献差异在5%的水平下显著，其中等级差异的显著性最强，且所有相关系数为负，表明节点对的知识贡献差异越大，二者在社区中的关联就会越弱；同理，节点对的知识吸纳能力差异越大，等级差异越大，知识转化的差异越大，二者在社区中的关联越弱。当用户间的关联减弱后，将不利于其进行知识的相互发送、接收，也就不利于社区的知识共创。因此，从平台角度考虑，应当减少这种差异性带来的负面效应。

管理启示16：用户之间的各类知识共创属性差异过大，不利于相互的知识交流，也不利于网络中新知识的形成。因此，平台可以采用用户分级分类的方式，将知识共创属性相似的成员聚集成一个"圈子"，这样的做法容易汇聚行为、思想相似的用户群，从而降低其浏览无关网站、信息搜寻的成本，提升其使用效率。

6.4 小结

虚拟社区中的用户，具有多种个性特征，在网站的表现形式为各类属性差异。用户的属性，因其在知识共创中的行为频度、深度、努力程度等的不同，影响着网络中的知识交流与共享。作为管理者的平台，如何透过繁杂的数据寻找到精准管理的良机，网站浏览者如何能快速定位所需知识源、降低搜寻成本，是本章重点关注的内容。

本章采用社会网络分析中的关系分析、假设检验等方法，对不独立的网络关系数据进行分析，发掘出属性之间的关联、子群之间的差异与联系，为平台对各类型用户的精准激励，为用户高效寻找数据源提供了理论依据。

第 7 章 结论

　　网络技术的极大进步、信息扩散的不断加速、商业环境的巨大改变，以及多元文化的传播与交融，使虚拟社区如雨后春笋般不断涌现，悄无声息地改变着人们生活工作、进修学习的知识获取方式，甚至也活络了企业研发创新的思路。虚拟社区在改变着每一个个体，而每一个个体的改变又反射到虚拟社区中，再去改变他人。虚拟社区的发展，不但丰富了社交渠道，也改变了信息传播的路径。电子通信网络是一种与外部资源建立联系的快捷方式，可以在全球范围内实现信息快速共享。但即使人们已经习惯采用信息技术保持联系（如电话、信息、邮件等），越来越多的跨学科研究也仍肯定了面对面交流的重要性和必要性。因为，即使在密友中，仅依靠在线互动也会导致关系弱化和人际关系缺失；缺乏社会联系会对个人健康将产生不利影响。另外，与传统信息技术使用不同的是，虚拟社区中需要两个或两个以上成员的共同努力，即强调双向行为，交流行为已不再仅受个人决策支配，而是受共同意图（we-intention）驱动。标普500指数中超过 80% 的高科技公司已经拥有虚拟社区[8]的事实说明，在市场同质化竞争越来越激烈的今天，运用社会网络智力资本进行知识创新被认为是获得额外收益和利润的重要途径。互联网时代企业的盈利主要来自"连接红利"，即与客户的联系与沟通；共创正是这种红利的主要实现方式。

　　新冠肺炎疫情使旅游产业受到了严重的冲击。但面对后疫情时代的旅游产业，应当未雨绸缪，提早布局。旅游业是服务行业的支柱产业，在信息技术的推动下,旅游虚拟社区大量涌现,为旅游相关知识的共享与交流提供了更为便捷的渠道。

7.1 研究小结

本书采集马蜂窝社区数据,利用"蜂友"间的关注关系,构建马蜂窝在线评论知识传播网络;结合复杂网络理论和方法,从中心性和路径两个维度选取多项指标,对网络结构进行分析;进一步分析影响网络知识共创的因素,构建网络演化模型,并进行仿真验证。

对于知识管理,无论是针对个人的还是组织的,其实质都需要进行知识的整合,在整合的过程中需要个人和系统的双重介入,但无论是个人还是系统的"属性"和"行为",都受到其他个人或其他系统的影响,即知识整合、共享与创新的过程不是个体的行为,而是社会综合行为的展现。因此,本书以旅游UGC平台为基点,探讨在这样一个社会系统中,个人知识获取、群体知识共享、社会知识提升与创新的内在逻辑和运作机理,探讨在社会其他参与者的影响下,网络知识创新过程的运作机理。参与成员所处的社会网络结构、网络中的位置以及行动者的社会关系背景决定了个体成员的行为,而不是仅受其个体属性影响。

本书得出了以下结论及管理启示。

(1)从虚拟社区社会子系统来看有以下结论及管理启示。

①由于节点用户的出、入度之间存在着明显的相关性,即出度越大的用户入度也越大,因此从整体来看,马蜂窝"问答"社区对平台中的知识贡献者、知识吸纳者的管理起到了较好的引导和激励作用。

②对子系统进行细分,按照知识参与的行为,分为四类子网,即知识贡献群体关注关系子网MKC、知识吸纳群体关注关系子网MKA、知识传播群体关注关系子网MAC、沉默群体关注关系子网MIG。对比这四类子网发现:虚拟社区中的知识共创活跃分子的出、入度均最大;社区中的知

识贡献、转移、创新,更多地来自知识传播活跃子群,而沉默子群对社区的影响不大;虚拟社区子系统的知识供给大于知识需求,马蜂窝"问答"社区中有大量旅游相关知识,但这些知识的受众面、影响广度、使用率等还有待提高,社区的知识服务还有很大潜力。马蜂窝以 UGC 著称,知识供应的确丰沛,但对知识的应用却稍显不足。在社区中存在一批参与性极高的用户群,这是马蜂窝的宝贵财富,需要加以识别并努力维持这些用户与平台的关系。不活跃或者参与度不高的群体虽然对社区的"贡献"有限,但规模不小,因此还应当激活这部分潜在用户,只有这样才能不断壮大社区活跃用户数量、扩大平台在行业中的影响力。

(2)从个体认知子系统来看,有以下结论及管理启示。

①第一级用户的关注群规模最大,第四级用户的关注群规模最小,第二、三级用户群居中。第一级用户作为知识吸纳者较其他用户更加积极,他们有更大可能性大量浏览其他用户主页并获取知识。虽然在虚拟社区中并不积极参与知识贡献与传播等共创操作,但沉默群体却关注了最多的其他用户。马蜂窝"问答"社区中的用户"关注"关系错综复杂,呈现交叉网状形态,这为社区中知识的传播提供了便利,同时也可能带来负面影响。马蜂窝社区应当及时地对大量资讯进行处理、合并、归纳、删减,既保留用户贡献的知识内容,也便于用户的信息搜寻;对于那些不活跃的注册用户,马蜂窝可以根据其以往关注信息类别,为其提供诸如时段性关切问候、话题推送等服务,由此为各类型注册用户提供超高的用户体验。

②现有贡献者群体的知识储备并非是最为丰富的,但他们热衷于参与社区知识交流与分享,是无私的奉献者,马蜂窝社区应当一方面鼓励这类参与者保持知识贡献的热情,另一方面为其提供可供参考、采纳的知识,改善和丰富其知识储备;沉默者虽然不活跃,但其高质量的回复是社区的宝贵财富。

③传播者的内容数最多,表明这类群体在社区中的活跃行为体现在对他人提问的回复上,由于其热情帮助他人,因此主页经常被其他用户访

问，但这类群体的回复质量不高，被采纳的概率较小。

④吸纳者在回复他人提问时的被采纳率最高，这表明这类群体从社会子系统中获取的知识被消化吸收后，反馈回社会子系统，达到了知识创造的目的。马蜂窝可以识别那些喜欢回复提问的用户群，帮助他们改进和提高回复质量，减少"灌水"式回复，帮助其他用户避免因阅读大量无用帖而浪费搜寻时间。那些经常认真查阅他人提供的信息，并加以消化吸收的知识吸纳者，是社区新知识的重要贡献者，需要提供更便利的功能供其使用，以帮助他们降低知识转化的难度，为平台知识的积累提供持续的动力源泉。

（3）从虚拟社区社会网络结构来看。有以下几点结论及管理启示。

①知识共创网络密度量化了网络内节点的知识交往路径多寡。沉默子系统 MIG 的网络密度极低（0.024 3），知识吸纳者 MKA（0.089）、知识贡献者 MKC（0.066）与虚拟社区社会子系统 MWF（0.087）的网络密度相差不大（且标准差差别不大），知识传播者 MAC 矩阵的网络密度最大（0.262），远大于其他子系统。这说明个体与社会子系统整体网络的知识交流与共享不频繁。相对来讲，个体认知子系统中，知识活跃者之间的联系最为紧密，成员之间经常互动，不但相互分享知识，还积极地对外传播知识；知识贡献者子群体之间、知识吸纳者子群体之间的联系相对较弱。若没有新的知识供应，社区中成员即使努力"搬运"知识、互通信息，也很难长久维持，平台对用户来说没有提供新鲜的、前沿的、时尚的知识，就无法"绑定"用户，提高用户忠诚度，平台缺乏活力将使得成员角色倾向于转化成沉默者。鉴于此，平台应当重视对知识贡献者的激励，或通过社会子系统对已有知识进行精细化打磨，减少低质信息规模，将优质知识精准推荐给相应角色用户。

②沉默群体 BIG 构成的同类行为社会网络的密度较大，其余则极小。这表明同为一类角色的参与者间，共同行为联系并不紧密；而沉默者群体的共同行为更多。各类别参与者间的共同行为不一致，这可以促进各类参

与者角色的衍化。平台应当鼓励不同类别参与者与其他类型参与者之间的沟通交流，提供更加简洁明了的功能，以便用户能快速地找到与自己"知识互补"的其他用户。对于沉默用户，可通过系统后台进行识别，同时向其推送其他类型（如知识贡献者）用户的最新资讯，以吸引这些用户，使其从紧密的沉默者群体中脱离出来，为社区知识创新提供新的动能。

③马蜂窝"问答"社区存在小世界现象。马蜂窝的聚类系数远大于同等规模随机实验网络的聚类系数，这表明马蜂窝虚拟社区产生的知识传播、信息交流过程中存在小圈子现象。这种小世界现象对于希望通过用户知识碰撞而获取新知识、实现知识创新的建站"初心"来说，是不利的。社区应当适当关注、调整这种隐蔽的小群体，使其中的知识更易被群体外用户搜寻到，可以考虑在搜寻算法中设置相应权重，将小群体中的知识设置为与圈外知识不同的权重，以便其他用户在搜寻到相似问题时，能够首先或有优先顺序地得到"圈内"知识。

④从凝聚子群看出，自身联系紧密的派系节点，在整体网络中也处于核心位置，但这种"核心"仍然可以分辨出"核心的核心"与"核心的边缘"。马蜂窝派系中重复的节点较多，重复率高表明核心成员之间的联系非常紧密，派系中的成员相互间传递、交流信息的频次更大，但新的知识产生相对不易。从知识分享、创新角度来看，应当减少派系间重复成员的数量，以便于拓宽信息交流、分享以及创新的渠道和可能性。马蜂窝应当适当打破这种"小圈子"，促进整个社区知识的快速流转。

⑤通过结构洞分析寻找到的网络节点的特点是，他们控制着网络中信息、知识流通的通畅性。因此，马蜂窝应当关注这些处于"阀门"一样位置的节点，并且控制其规模，因为一旦这些"阀门""关闭"（占据结构洞位置的用户成为沉默者群体，甚至退出平台），将严重影响其他用户的信息体验和知识获取：由于已有的寻找资讯的路径被打破而不易寻找到新的获取知识的途径。

（4）从虚拟社区知识共创的社会网络分析结果来看，有以下结论及管理启示。

①对于知识共创的若干属性之间的关联较为烦琐：粉丝越多的用户，其关注规模、游记量和累计访问量也多；除累计访问量以外，足迹与其余知识贡献属性都存在正向关系；游记数量与知识贡献、知识吸纳属性均存在正向关系。

②相同角色参与者之间的关系受部分属性影响，如沉默者群体的属性相似性表现得更明显。对于累计访问量和采纳率这两个属性来讲，各类型参与者与这两个属性都有联系，表明这四类参与者在这两项知识共创行动中表现得极为相似。因此，平台在对不同类型的参与者进行激励时，为降低试错成本，可以考虑先对某些用户进行实验，成功后再推广策略。

③知识共创参数的差异越大，对知识共创的推动作用越有限。用户之间的各类知识共创属性差异过大，不利于相互的知识交流，也不利于网络中新知识的形成。因此，平台可以采用用户分级分类的方式，将知识共创属性相似的成员聚集成一个"圈子"，这样的做法容易汇聚行为、思想相似的用户群，从而降低其浏览无关网站、信息搜寻的成本，提升其使用效率。

本书选取马蜂窝"问答"社区作为研究对象，原因在于相比于有明显的"意见领袖"的在线社区而言，马蜂窝"问答"是一个"人人皆草根"的平台，没有如微博"大V"认证般的名人，在马蜂窝这个平台上，每个注册用户都可以通过分享、回复等方式建立特定领域（旅游相关知识）的"个人权威"。这样的平台没有"天生"的"领导者"，但又提供了一个平等的、由大众评判的平台，这才是虚拟社区建立的初衷：摒弃现实中的身份优劣势，在虚拟网络中重建关系。

7.2　不足与展望

本书虽然对虚拟社区知识共创进行了理论架构和实证检验，但仍然存在不足。一是数据的搜集。由于马蜂窝网站对抓取数据设置了一些限制，如只能显示用户关注对象中的前 6 页，因此可能漏掉符合本书搜集规则的用户，使得数据不准确、网络构建存在漏洞。二是本书对社会网络分析中的关系，仅建立了两组关系矩阵：关注关系矩阵和相同行为矩阵。实际上，在虚拟社区中还存在其他的有待挖掘的关系，可以用于知识观、创新管理研究。因此，本书研究视角存在不足，这些都是笔者后续将深化的研究方向和内容。

参考文献

[1] 刘黎虹,毕思达,贯君. 虚拟社区分类系统比较研究[J]. 情报科学,2014,32(05):24-32.

[2] CACIOPPO J T,PATRICK W. Loneliness: Human nature and the need for social connection[J]. library journal, 2008.

[3] SHEN X L , CHEUNG C M K , LEE M K O.Perceived critical mass and collective intention in social media-supported small group communication[J]. International Journal of Information Management, 2013, 33(5):707-715.

[4] 孟韬,王维. 社会网络视角下的虚拟社区研究综述[J]. 情报科学,2017,35(03):171-176.

[5] WELLMAN B. Computer networks as social networks[J]. Science, 2001, (14): 2031-2034.

[6] 谢礼珊,赵强生,马康. 旅游虚拟社区成员互动、感知利益和公民行为关系——基于价值共创的视角[J]. 旅游学刊,2019,34(03):32-44.

[7] 范钧,林东圣. 社区支持、知识心理所有权与外向型知识共创[J]. 科研管理,2020,41(07):1-10.

[8] 余晓娟. Web 2.0时代的中国旅游市场营销[J]. 旅游学刊,2007,22(05):10.

[9] RIVERFRONT. 走过美国[EB/OL].http://bbs.tianya.cn/post-travel-92149-1.shtml, 2006-09-04.

[10] PEREZ-VEGA R,TAHERI B, FARRINGTON T,et al. On being attractive, social and visually Appealing in social media: The effects of anthropomorphic tourism brands on Facebook fan pages [J]. Tourism Management, 2018, 66: 339-347.

[11] 贾衍菊.社交媒体时代旅游者行为研究进展——基于境外文献的梳理[J].旅游学刊,2017,32(04):117-126.

[12] TAMJIDYAMCHOLO A, BABA M S B, SHUIB N L M, et al. Evaluation model for knowledge sharing in inform ation security professional virtual community[J]. Computers&Security, 2014, 43: 19-34.

[13] FANG Y H, CHIU C M. In justice we trust: Exploring knowledge-sharing continuance intentions in virtual communities of practice[J]. Computers in Human Behavior,2010, 26(02), 235-246.

[14] SCHWABE G, Prestipino M. How tourism communities can change travel Information quality[C].13th European Conference on Information Systems, Information Systems in a Rapidly Changing Economy,2005.

[15] 邱以澄.旅游虚拟社区网络结构及其权力分析——以去哪儿网为例[D].广州:暨南大学,2019.

[16] MUNAR A M, JACOBSEN J K S. Motivations for sharing tourism experiences through social media[J].Tourism Management, 2014, 43(08): 46-54.

[17] ALVES H, FERNANDES C, R aposo M. Value co-creation: concept and contexts of Application and study[J]. Journal of Business R esearch, 2016, 69 (05): 1626-1633.

[18] 姚伟,康世伟,柯平.虚拟网络社区中知识共创的多元衍生研究[J].情报理论与实践,2021,7(44):58-64.

[19] NISSEN H A, EVALD M R, CLARKE A H. Knowledge sharing in heterogeneous teams through collaboration and cooperation: exemplified through public-private-innovation partnerships[J]. Industrial Marketing Management.2014,43: 473-482.

[20] 张海涛,任亮,刘伟利,等.基于超网络的用户知识协同创新研究——以开放式创新社区"花粉俱乐部"为例[J].情报学报,2021, 40(04):402-413.

[21] 沈校亮,厉洋军.虚拟品牌社区知识贡献意愿研究:基于动机和匹配的整合视角[J].管理评论,2018, 30(10):82-94.

[22] 刘海鑫,刘人境,王廷璇.共创价值模式下消费者知识贡献影响因素研究——社区认同的形成及作用[J].科学学与科学技术管理,2015,36(07):107-115.

[23] 吴欢.虚拟社区与老年网民的社会资本——对"老小孩网站"的个案研究[M].

上海交通大学出版社, 2013.

[24] HAGEL J, ARMOSTRONG A. Net Gain:Expanding markets through vitual communities[M].Harvard Business School Press,1997.

[25] RHEINGOLD H. The Virtual Community: Homesteading on the Electronic Frontier[M]. MIT: Addison Wesley, 1993: 107.

[26] 徐小龙, 王方华. 虚拟社区研究前沿探析[J]. 外国经济与管理, 2007, 29(09): 10-16.

[27] KAPLAN A M, HAENLEIN M. Users of the world, unite! The challenges and opportunities of Social Media[J]. Business Horizons Bloomington, 2010,53: 59-68.

[28] PREECE J. Sociability and usability in online communities: Determining and measuring success[J]. Behavior & Information Technology, 2001, 20(05): 347-356.

[29] PLANT R. Online communities[J]. Technology in Society, 2004, 26(01): 51-65.

[30] BALASUBRAMANIAN S, MALLAIAN V. The Economic Leverage of the Virtual Community[J]. International Journal of Electronic Commerce, 2001, 5(03): 103-138.

[31] JONES Q, RAFAELI S. Time to split, virtually: Discourse architecture and community building create vibrant virtual publics[J]. Electronic Markets, 2000, 10(04): 214-223.

[32] 周德民, 吕耀怀. 虚拟社区：传统社区概念的拓展[J]. 湖湘论坛, 2003(01): 66-68.

[33] 裘涵, 田丽君. 虚拟社区的内涵及其建构的组织性路径[J].中南大学学报（社会科学版）, 2006, 12(06): 752-756.

[34] 毕雨, 王延清. 基于虚拟协作社区的虚拟组织中信息资源管理初探[J]. 商场现代化, 2007(33): 21-22.

[35] 徐世甫. 主体技术·拟象·公共领域——论虚拟社区[J]. 南京社会科学, 2006(05): 106-113.

[36] 张蒙, 刘国亮, 毕达天. 多视角下的虚拟社区知识共享研究综述[J]. 情报杂志, 2017, 36(05):175-180.

[37] DHOLAKIA U M, BAGOZZI R P, PEARO L K.A social influence model of consumer participation in network-and small-group-based virtual communities[J]. International Journal of Research in Marketing, 2004, 21(03):241-263.

[38] RHEINGOLD H.The Virtual Community: Homesteading on the Electronic Frontier[M]. 2000.

[39] HESSE B W.Curb cuts in the virtual community: telework and persons with disabilities[C]// Hawaii International Conference on System Sciences. IEEE Computer Society, 1995.

[40] 白杨,邓贵仕.虚拟实践社区中知识转移的语义交互模型研究[J].情报科学,2012,30(09): 1348-1352.

[41] ARMSTRONG A, HAGEL I J. The real value of online communities[J]. Harvard Business Reviews, 1996, 74(03): 134-141.

[42] JONES Q, RAVID G, RAFAELI S .Information overload and the message dynamics of online interaction spaces: A theoretical model and empirical exploration [J].Information systems research 2004,2(15): 194-210.

[43] KLANG M, Olsson S. Virtual Communities[C]. Proceedings of 22nd Information Research in Scandinavia, 1999, 249-260.

[44] SCHUBERT P, GINSBURG M. Virtual communities of transaction: The role of personalization in electronic commerce[J]. Electronic Markets, 2000, 10(01): 45-55.

[45] Li H M. Virtualcommunity studies: Aliterature review, synthesis and research agenda[R]. Proceedings ofthehlTIerica's Conference on Information Systems, New York, 2004.

[46] 周刚,裴蕾.旅游虚拟社区中参与者行为及其动机的实证研究[J].新闻界,2016(12):61-68.

[47] 付丽丽,吕本富,裴瑞敏.关系型虚拟社区用户参与机制研究[J].经济管理,2009,31(05):134-139.

[48] 范晓屏.非交易类虚拟社区成员参与动机：实证研究与管理启示[J].管理工程学报, 2009,23(01): 1-6.

[49] KOZINETS R V.E-tribalized marketing? The strategic implications of

virtual communities of consumption[J]. European Management Journal, 1999,17(03):252-264.

[50] WELSER H, COSLEY D, KOSSINETS G. Finding social roles in Wikipedia[C]. Proceedings of the I-conference.ACM ,2011.

[51] GAZAN R. Seekers, sloths and social reference: Homework questions submitted to a question-answering community[J]. New Review of Hypermedia and Multimedia,2007,13(02) : 239-248.

[52] PREECE J, SHNEIDERMAN B. The reader-to-leader framework:Motivating technology-mediated social participation[J]. AIS Trans Hum-Comput Interact.2009(01):13-32.

[53] LOANE S, ALESSANDRO S. Communication that changes lives: Social support within an online health community for ALS [J]. Commun Q ,2013, 61(02): 236-251.

[54] WANG X, ZUO Z, ZHAO K.The evolution of user roles in online health communities —A social support perspective[C]//IE E E International Conference on Healthcare Informatics, 2015:48-56.

[55] TORAL S L, MARTINEZ. Analysis of virtual communities supporting OSS projects using Social network analysis[J]. Information and Software Technology, 2010, 52 (03): 296-303.

[56] 刘伟，丁志慧.基于参与行为的兴趣型虚拟社区成员分类研究[J].商业研究, 2012 (11):92-95.

[57] 毛波，尤雯雯.虚拟社区成员分类模型[J].清华大学学报(自然科学版), 2006，46(s1): 1069-1073.

[58] 雷雪，焦玉英，陆泉,等.基于社会认知论的Wiki社区知识共享行为研究[J]. 现代图书情报技术, 2008(02): 30-34.

[59] 王东.虚拟学术社区知识共享实现机制研究[D].长春:吉林大学，2010.

[60] 胡向红，张高军.虚拟社区人际关系对旅游行为意向影响的实证研究[J].地理与地理信息科学，2015,31(04):116-120.

[61] 王婷婷，徐耀耀，马秋芳.基于扎根理论的旅游虚拟社区分享帖功能研究[J]. 北京第二外国语学院学报，2011,33(09):11-17.

[62] WANG Y,YU Q, FESENMIER D.Defining the virtual tourist

community:implications for tourism marketing[J].Torism Management,2002,23(04):407-417.

[63] XIANG Z. GRETZEL U. Role of social media in online travel information search[J].Tourism Management,2010,31(02):179-188.

[64] BELANCHE D, CASALO L V, FLAVIAN C, et al. Online social networks in the travel sector[J]. International Journal of Electronic Marketing & Retailing, 2010, 3(04):321-340.

[65] 于伟,张彦.旅游虚拟社区参与者行为倾向形成机理实证分析[J].旅游科学,2010,24(04):77-83.

[66] MURTHY D, LEWIS J P.Social Media, Collaboration, and Scientific Organizations[J]. American Behavioral Scientist, 2014, 59(01):149-171.

[67] ADJEI M T, NOBLE S M, NOBLE C H.The influence of C2C communications in online brand communities on customer purchase behavior[J]. Journal of the Academy of Marketing Science, 2010, 38(05):634-653.

[68] MARTÍNEZ-TORRES M R. Analysis of open innovation communities from the perspective of social network analysis[J]. Technology Analysis & Strategic Management, 2014,26(04):435-451.

[69] ARENAS-MARQUEZ F J, MARTINEZ-TORRES M R, TORAL S L.Electronic word-of-mouth communities from the perspective of social network analysis[J]. Technology Analysis & Strategic Management, 2014, 26(08):927-942.

[70] SCHILLING M A, PHELPS C C.Interfirm Collaboration Networks: The Impact of Large-Scale Network Structure on Firm Innovation[J]. Management Science, 2007, 53(07):1113-1126.

[71] PAN Y, XU Y C, WANG X, et al. Integrating social networking support for dyadic knowledge exchange: A study in a virtual community of practice[J]. Information & Management, 2015, 52(01):61-70.

[72] 彼得·F.德鲁克,等.《哈佛商业评论》精粹译丛——知识管理[M].杨开峰,译.北京:中国人民大学出版社,2000.

[73] NONAKA I,TAKEUCHI H.The Knowledge-Creating Company:How Japanese Companies Create the Dynamics of Innovation[M].New York:Oxford University Press,1995.

[74] ALAVI M,LEIDNER D E. Review:Knowledge Management and Knowledge Management Systems: Conceptual Foundations and Research Issues[J]. MIS Quarterly,2001,25(01):107-136.

[75] 应力,钱省三.知识管理的内涵[J].科学学研究,2001(01):64-69.

[76] 李金华.知识流动对创新网络结构的影响——基于复杂网络理论的探讨[J].科技进步与对策,2007,24(11):91-94.

[77] 盛小平.试析知识经济时代的知识管理[J].情报资料工作,1999(05):8-12.

[78] 朱晓峰,肖刚.知识管理基本概念探讨[J].情报科学.2000, 18(02):129-131.

[79] 佟泽华,韩春花.动态环境下的企业知识集成模型研究[J].科学学研究,2012,30(04):564-574.

[80] 刘译阳,姜珊.基于大数据下社会网络分析与知识共享管理研究[J].情报科学,2019, 37(04):109-115.

[81] 何晓兰.农产品供应链中的知识管理[M].北京:经济科学出版社.2016.

[82] 邢国春,刘明哲,钟翘楚.从后喻到互喻的模式转变:基于SNA的组织内知识共享研究[J].情报科学, 2020,12(38):57-62.

[83] 张晓娟,周学春.社区治理策略、用户就绪和知识贡献研究:以百度百科虚拟社区为例[J].管理评论,2016,28(09):72-82.

[84] LETTL C, HERSTATI C, GEMUENDEN H G.Users' contributions to radical innovation: evidence from four cases in the field of medical equipment technology[J]. R & D Management, 2006, 36(03):154-160.

[85] 董艳,张大亮,徐伟青.用户创新的条件和范式研究[J].浙江大学学报(人文社会科学版).2009,39(04):43-54.

[86] 王炳富,郑准.协同创新视角下用户创新影响因素理论框架构建[J].科技进步与对策, 2016,33(17): 14-19.

[87] 范钧,聂津君.企业—顾客在线互动、知识共创与新产品开发绩效[J].科研管理,2016,37(01): 119-127.

[88] MOHAGHAR A,JAFARNEJAD A,MOOD M M,et al.A framework to evaluate customer knowledge co-creation capacity for new product development[J].African Journal of Business Management, 2012,6(21) : 6401-6414.

[89] 代宝.社交网站(SNS)用户使用行为实证研究[D].合肥:合肥工业大学, 2015.

[90] 张永云,张生太,彭汉军,等.从创新生态系统视角看网络空间知识创新行为——

对6个网络虚拟社区的案例分析[J].科技进步与对策,2017,6(34):139-146.

[91] MOORE T D, SERVA M A. Understanding member motivation for contributing to different types of virtual communities: a proposed framework[C]. In Proceedings of the 2007 ACM SIGMIS CPR Conference on Computer Personnel Research: The Global Information Technology Workforce. ACM.2007,153-158.

[92] HAFEEZ K, ALGHATAS F M, FOROUDI P, et al. Knowledge Sharing by Entrepreneurs in a Virtual Community of Practice (VCoP)[J]. Information Technology & People, 2019, 32(02):405-429.

[93] DIXON N M. Common Knowledge: How Companies Thrive by Sharing What They Know[M]. Boston, MA: Harvard Business Press, 2000.

[94] HSU M H, JU T L, YEN C H,et al. Knowledge sharing behavior in virtual communities: The relationship between trust, self-efficacy, and outcome expectations[J].International Journal of Human-Computer Studies, 2007,65(02): 153-169.

[95] CHIU C M, WANG E T, SHIH F J, et al. Understanding knowledge sharing in virtual communities: An integration of expectancy disconfirmation and justice theories[J]. Online Information Review,2011, 35(01):134-153.

[96] SZULANSKI G. Exploring internal stickiness: Impediments to the transfer of best practice within the firm[J]. Strategic Management Journal,1996,17(02), 27-43.

[97] KANKANHALLI A, TAN B C, WEI K K. Contributing knowledge to electronic knowledge repositories: an empirical investigation[J]. MIS Quarterly,2005, 1(29): 113-143.

[98] Chen I Y. The factors influencing members' continuance intentions in professional virtual communities-a longitudinal study[J].Journal of Information Science,2007,33(04):451-467.

[99] 魏莹,刘冠,李锋.知识扩散路径上节点的分类和聚类分析——以知识分享平台"知乎"数据为例[J].情报科学,2018,36(05):76-84+109.

[100] ALAVI M,LEIDNER D E. Knowledge management system: issues,challenges and benefits[J].Communications of the Association for Information System, 1999,1(04):1-37.

[101] 范领进.知识价值理论研究[D].长春：吉林大学,2004.

[102] 顾新.知识链管理——基于生命周期的组织之间知识链管理框架模型研究[M].成都：四川大学出版社,2008.

[103] 李柏洲,赵健宇,苏屹.基于SECI模型的组织知识进化过程及条件[J].系统管理学报,2013,22(05):618.

[104] 竹内弘高,野中郁次郎.知识创造的螺旋：知识管理理论与案例研究[M].李萌,译.北京：知识产权出版社,2006:52-64.

[105] NONAKA I,TOYAMA R,KONNO N.SECI,ba and leadership:A unified model of dynamic knowledge creation[J].Long Range Planning,2000,33(01):5-34.

[106] PRAHALAD C K, RAMASWAMY V. The future of competition: co-creating unique value with customers[R]. Harvard Business School Pub Boston Mass, 2004.

[107] VLADIMIR Z. Co-Creation: Toward a Taxonomy and an Integrated Research Perspective[J]. International Journal of Electronic Commerce, 2010, 15(01): 11-48.

[108] NIESTEN E, STEFAN I. Embracing the paradox of interorganizational value co-creation-value capture: a literature review towards paradox resolution[J]. International Journal of Management Reviews, 2019, 21 (02): 231-255.

[109] 蒋楠,赵嵩正.知识连接、知识距离与知识共创关系研究[J].情报科学,2016,34(06):138-142+154.

[110] 范钧,梁号天.社区创新氛围与外向型知识共创：内部人身份认知的中介作用[J].科学学与科学技术管理,2017,38(11):71-82.

[111] LUSCH R F, VARGO S L. Evolving to a new dominant logic for marketing[J]. Journal of Marketing, 2004, 68(01):1-17.

[112] PRAHALAD C K, RAMASWAMY V. The future of competition: co-creating unique value with customers[J]. Strategy &Leadership, 2004, 32(03): 4-9.

[113] 司文峰,胡广伟."互联网＋政务服务"价值共创概念、逻辑、路径与作用[J].电子政务,2018(03):75-80.

[114] XIE X, FANG L, ZENG S. Collaborative innovation network and knowledge transfer performance: a fsqca approach[J]. Journal of Business Research,

2016, 69(11)：5210-5215.

[115] 范钧, 林东圣. 社区支持、知识心理所有权与外向型知识共创[J]. 科研管理, 2020, 41 (07)：1-10.

[116] 蒋楠, 赵嵩正, 吴楠. 服务型制造企业服务提供、知识共创与服务创新绩效[J]. 科研管理, 2016, 37 (06)：57-64.

[117] RAMANI G, KUMAR V. Interaction orientation and firm performance[J]. Journal of Marketing, 2008, 72(01):27-45.

[118] 姚伟峰, 鲁桐. 基于资源整合的企业商业模式创新路径研究——以怡亚通供应链股份有限公司为例[J]. 研究与发展管理, 2011, 23(03):97-101.

[119] 张培, 杨迎. 行动主体参与度、知识共创与服务创新绩效[J]. 软科学, 2019, 33 (09)：113-119.

[120] 姚伟, 张开华, 刘杰, 等. 创新驱动下的知识动员活动模型[J]. 情报理论与实践, 2017, 40 (12)：88-93.

[121] 陈旭升, 董和琴. 知识共创、网络嵌入与突破性创新绩效研究——来自中国制造业的实证研究[J]. 科技进步与对策, 2016, 33(22):137-145.

[122] LUHMANN N. Social Systems [M]. Stanford University Press, 1995.

[123] 张蒙, 孙曙光. 社会系统视域下虚拟社区知识共享耦合机理研究[J]. 现代情报, 2021, 41(04):46-54.

[124] 高宣扬. 鲁曼社会系统理论与现代性[M]. 北京：中国人民大学出版社, 2005：35-38.

[125] 李海峰, 王炜. 社会系统理论视域下的在线学习共同体构建[J]. 中国电化教育, 2018, 377(06):77-85.

[126] 盖奥尔格·西美尔. 社会学——关于社会化形式的研究[M]. 林荣远译. 北京：华夏出版社, 2002.

[127] 王晓光. 社会网络范式下的知识管理研究述评[J]. 图书情报知识, 2008(04):87-91.

[128] 刘军. 社会网络分析导论[M]. 北京：社会科学文献出版社, 2004：18.

[129] 刘军. 整体网分析[M]. 上海：格致出版社, 2014：23-30.

[130] 约翰·斯科特, 彼得·J.卡林顿. 社会网络分析手册[M]. 刘军, 刘辉, 等译. 重庆：重庆大学出版社, 2018:812-826.

[131] 刘军. 整体网分析[M]. 上海：格致出版社, 2019:37-45.

[132] 刘军.整体网分析[M].上海:上海人民出版社.2019:37-45,138-164.

[133] WASSERMAN S, FAUST K. Social Network analysis:methods and Applications.[M].Cambridge: Cambridge University Press,1994:249.

[134] 刘军.和谐社会的形式基础——"三方关系"研究[C].中国社会学会2005年学术年会优秀论文集.北京:社会科学文献出版社,2006:136-148.

[135] 汪丽,曹小曙,胡玲玲.景点可达性对不同出游时间游客流动的影响研究——以西安市为例[J].人文地理,2021,36(03):157-166.

[136] WATTS D J,STROGATZ S H. Collective dynamics of "Small-world" Networks[J]. Nature,1998,393:440-442.

[137] UZZI B,LUIS A,AMARAL F R T. Small world networks and management science research:a review[J].European management review,2007,4:77-91.

[138] UZZI B,JARRETT S. Collaboration and creativity:the small world problem[J]. American journal of sociology,2005,111:447-504.

[139] PRENTICE D,MILLER D T, LIGHTDALE J R. Asymmetries in Attachments to groups and to their members:distinguishing between common identity and common bond groups[J]. Personality and social psychology bulletin,1994,20:484-493.

[140] Sassenberg K. Common bond and bommon identity groups on the internet:attachment and normative behaviour in on-topic and off-topic chats[J]. Group dynamics,theory,research,and practice.2002,6(01):21-37.

[141] WELLMAN B,GULIA M. Networks in the Global Village:Life in Contemporary Communities[M]. Boulder,Westview Press,1999:331-366.

[142] PENTINA I,PRYBUTOK V R,ZHANG X. The role of virtual communities as shopping reference group[J].Journal of electronic commerce research,2008,9(02):114-136.

[143] GRANOVETTER M S. The strength of weak ties[J].American Journal of Sociology, 1973, 78(06):1360-1380.

[144] BURT R. Structural holes: the social structure of competition[M]. Cambridge, MA: Harvard University Press, 1992: 221.

[145] 郑准,王国顺.外部网络结构、知识获取与企业国际化绩效:基于广州制造企业的实证研究[J].科学学研究,2009,27(08):1206-1212.

[146] UZZI B.The sources and consequences of embeddedness for the economic performance of organizations: the network effect[J]. American Sociological Review, 1996(61) : 674-698.

[147] DYER J H, NOBEOKA K. Creating and managing a high performance knowledge-sharing network: the Toyota case[J]. Strategic Management Journal, 2000(21) :345-367.

[148] 王东,董宇,刘国亮. 个体视角下虚拟学术社区知识匹配机理与协同过程研究 [J]. 情报科学,2020,38(03):23-28.

[149] ZHANG W, WATTS S. Online communities as communities of practice: a case study[J]. Journal of Knowledge Management, 2008, 12(04): 55-71.

[150] CROSS R, SPROULL L. More than an answer: Information relationships for actionable knowledge[J]. Organization Science,2004,15(04): 446-462.

[151] CRESS U, KIMMERLE J.A systemic and cognitive view on collaborative knowledge building with wikis[J]. International Journal of Computer-Supported Collaborative Learning, 2008, 3(02):105-122.

[152] TAKEUCHI N H.The knowledge-creating company: How Japanese companies create the dynamics of innovation[J]. Long Range Planning, 1996.

[153] 陈晔武. 知识创新的三重螺旋运动模型 [J]. 情报科学 .2005(02):171-174.

[154] JOHNSON C M.A survey of current research on online communities of practice[J]. The Internet and Higher Education, 2001, 4(01):45-60.

[155] 苗学玲,保继刚."众乐乐":旅游虚拟社区"结伴旅行"之质性研究[J]. 旅游学刊,2007(08):48-54.

[156] 李爽,周璇玲,丁瑜,等. 大陆居民赴台旅游体验感知研究——基于98篇马蜂窝游记的文本分析 [J]. 旅游论坛 ,2015,8(06):7-20.

[157] http://www.bigdata-research.cn/content/201808/733.html

[158] 王鹏民,侯贵生,杨磊. 基于知识质量的社会化问答社区用户知识共享的演化博弈分析 [J]. 现代情报, 2018, 38 (04) :42-49+57.

[159] https://baijiahao.baidu.com/s?id=1653349321940055665&wfr=spider&for=pc

[160] 杜智涛. 网络知识社区中用户 "知识化"行为影响因素——基于知识贡献与知识获取两个视角 [J]. 图书情报知识, 2017(02) : 105-119.

[161] 文彤,邱佳佳. 旅游虚拟社区网络演化特征分析——以"马蜂窝"为例 [J].

地理与地理信息科学, 2018, 34(06):119-126.

[162] 姜鑫. 基于社会网络分析的组织非正式网络内隐性知识共享及其实证研究[J]. 情报理论与实践, 2012,35(02):68-71+91.

[163] 杨凯, 张宁, 苏树清. 个人微博用户网络的节点中心性研究[J]. 上海理工大学学报, 2015, 37(01):43-48.

[164] 王德正, 夏阳. 网络性能度量研究[J]. 武汉理工大学学报(信息与管理工程版), 2011, 33(03):375-378.

[165] 殷国鹏, 莫云生, 陈禹. 利用社会网络分析促进隐性知识管理[J]. 清华大学学报(自然科学版), 2006, 46(s1): 964-969.

[166] 田占伟. 基于复杂网络的微博信息传播研究[D]. 哈尔滨:哈尔滨工业大学,2012.

[167] 王嵩, 王刊良, 田军. 科研团队隐性知识共享的结构性要素——一个社会网络分析案例[J]. 科学学与科学技术管理, 2009,30(12): 116-121.

[168] CROSS R, PRUSAK L. The people who make organizations go or stop[J]. Harvard Business Review, 2002(06): 5-12.

[169] FREEMAN L C. Centrality in social networks: conceptual clarification[J]. Social Networks, 1979(01): 215-239.

[170] 刘军. QAP:测量"关系"之间关系的一种方法[J]. 社会, 2007, 27(04):164-174.

[171] Granovetter M.Economic action and social structure: the problem of embeddedness[J].American Journal of Sociology,1985:481-510.

[172] 党兴华,张巍. 网络嵌入性、企业知识能力与知识权力[J]. 中国管理科学, 2012, 20(S2): 615-620.

[173] 刘雪锋,徐芳宁,揭上锋. 网络嵌入性与知识获取及企业创新能力关系研究[J] 经济管理. 2015, 37(03): 150-159.

[174] Teece D J. Explicating dynamic capabilities: The nature and microfoundations of(sustainable) enterprise performance[J]. Strategic Management Journal, 2007, 28(13): 1319-1350.

[175] 胡钢, 曹兴. 知识视角下动态能力对多元化战略影响的研究[J]. 科研管理, 2014, 35(09): 98-105.

[176] 梁娟, 陈国宏. 多重网络嵌入与集群企业知识创造绩效研究[J]. 科学学研究,

2015, 33(01): 90-97.

[177] WANG C L, AHMED P K. Dynamic capabilities: A review and research agenda[J]. International Journal of Management Reviews, 2007, 9(01): 31-51.

[178] MAHR D, LIEVENS A.Virtual lead user communities: Drivers of knowledge creation for innovation[J].Research policy, 2012, 41(01): 167-177.

附录

附录1　变量、参数汇总表

类别	变量/参数名	说明
虚拟社区知识共创SECI-B模型参数	Q	表示社会子系统知识量
	q_t $t \in \{s,e,c,i,b\}$	个体认知系统中，知识贡献者、吸纳者在知识共创各阶段的知识存量变化
	$\bar{q}_t$	表示个体认知子系统的隐性知识
	$\underline{q}_t$	表示个体认知子系统的显性知识
节点属性	L_{LE}	等级（levels），由马蜂窝平台给出用户等级
	F_{FO}	关注（focus），该用户关注其他用户的数量
	F_{FA}	粉丝（fans），关注该用户的其他马蜂窝用户规模
	F_{FP}	足迹（footprint），该用户旅游的地点数，是用户知识累计成果的表现
	T_{TN}	游记（traval note），该用户撰写的旅游体验等资讯，是用户知识累积成果的体现
	B_{BA}	金牌回答（best answer），其他用户对该用户回复的承认和认可
	R_{RV}	阅读（reading volme），用户的游记被其他用户阅读的次数（可理解为精品细读）
	C_{CO}	内容数（content），该用户回复其他用户的帖子数量
	A_{AR}	采纳率（adoption rate），该用户回复其他用户提问后，被认可且标记为"采纳"的数量

续 表

类别	变量/参数名	说明
节点属性	A_{AA}	累计访问量（access amout），对该用户主页访问的次数累计
知识共创属性类别	K_{KAI}	知识吸纳属性（knowledge absorption intention），表示用户接受外部知识的能力和意愿，以关注属性进行表述
	K_{KCA}	知识贡献能力（knowledge contribution ability），表示用户对外分享知识的能力水平，用粉丝、足迹、游记、金牌回答、阅读表示
	K_{KCI}	知识贡献意愿（knowledge contribution intention），表示用户对外分享知识的意愿强度，采用属性内容数、采纳率、累计访问量表示
"关注"关系矩阵	MWF 矩阵	"关注"关系矩阵（whole focus relationship matrix），反应节点对之间的关注关系，规模为 223×223
	MKC 矩阵	知识贡献群体关注关系子网（relationship matrix of knowledge contribution），描述的是在知识共创过程中，充当知识提供角色的用户群体之间的关联，规模为 26×26
	MKA 矩阵	知识吸纳群体关注关系子网（relationship matrix of knowledge absorption），描述的是在知识共创过程中，作为知识接受方的相似角色用户群体之间的"关注"关系，规模为 38×38
	MAC 矩阵	知识传播群体关注关系子网（relationship matrix of activist），描述了知识传播活跃者之间的关系，规模为 61×61
	MIG 矩阵	沉默群体关注关系子网（relationship matrix of inactive group），描述不积极的成员之间的关系，规模为 98×98
相似角色者构建的行为矩阵	BKC 矩阵	知识贡献者同类行为矩阵（behavior matrix of knowledge contributors），由知识贡献者群体构成，规模为 223×223
	BKA 矩阵	知识吸纳者同类行为矩阵（behavior matrix of knowledge absorption），体现知识吸纳者的相似行为，规模为 223×223
	BAC 矩阵	知识传播群同类行为矩阵（behavior matrix of activist），体现知识传播者的相似行为，规模为 223×223
	BIG 矩阵	沉默群体同类行为矩阵（behavior matrix of inactive group），体现沉默者的行为相似性，规模为 223×223

续 表

类别	变量/参数名	说明
结构模型参数	K_{KCP}	知识贡献能力（knowledge contribution parameter），表明用户对知识的贡献能力
	K_{KAP}	知识吸纳度（knowledge absorption parameter），表明用户从社会子系统中接受知识的效率
	K_{KIP}	知识转化能力（knowledge internalization parameter），表明用户对知识的处理能力

附录2 采集数据的网址

编码	游记链接地址	问答链接地址
1000	https://www.mafengwo.cn/u/19204656/note.html	https://www.mafengwo.cn/wenda/u/zxh7711/answer.html
1100	https://www.mafengwo.cn/u/35590411/note.html	https://www.mafengwo.cn/wenda/u/35590411/answer.html
1101	https://www.mafengwo.cn/u/338866/note.html	https://www.mafengwo.cn/wenda/u/338866/answer.html
1102	https://www.mafengwo.cn/u/9609660/note.html	https://www.mafengwo.cn/wenda/u/9609660/answer.html
1103	https://www.mafengwo.cn/u/10304491/note.html	https://www.mafengwo.cn/wenda/u/10304491/answer.html
1104	https://www.mafengwo.cn/u/32216322/note.html	https://www.mafengwo.cn/wenda/u/32216322/answer.html
1105	https://www.mafengwo.cn/u/71861359/note.html	https://www.mafengwo.cn/wenda/u/71861359/answer.html
1106	https://www.mafengwo.cn/u/5172228/note.html	https://www.mafengwo.cn/wenda/u/5172228/answer.html
1107	https://www.mafengwo.cn/u/80163810/note.html	https://www.mafengwo.cn/wenda/u/80163810/answer.html
1108	https://www.mafengwo.cn/u/81836167/note.html	https://www.mafengwo.cn/wenda/u/81836167/answer.html
1109	https://www.mafengwo.cn/u/5354498/note.html	https://www.mafengwo.cn/wenda/u/5354498/answer.html
1110	https://www.mafengwo.cn/u/5539465/note.html	https://www.mafengwo.cn/wenda/u/5539465/answer.html
1111	https://www.mafengwo.cn/u/228023/note.html	https://www.mafengwo.cn/wenda/u/228023/answer.html

续 表

编码	游记链接地址	问答链接地址
1112	https://www.mafengwo.cn/u/958078/note.html	https://www.mafengwo.cn/wenda/u/958078/answer.html
1113	https://www.mafengwo.cn/u/17132983/note.html	https://www.mafengwo.cn/wenda/u/17132983/answer.html
1114	https://www.mafengwo.cn/u/10569551/note.html	https://www.mafengwo.cn/wenda/u/10569551/answer.html
1115	https://www.mafengwo.cn/u/380631/note.html	https://www.mafengwo.cn/wenda/u/380631/answer.html
1116	https://www.mafengwo.cn/u/68875698/note.html	https://www.mafengwo.cn/wenda/u/68875698/answer.html
1200	https://www.mafengwo.cn/u/83825479/note.html	https://www.mafengwo.cn/wenda/u/83825479/answer.html
1300	https://www.mafengwo.cn/u/71371036/note.html	https://www.mafengwo.cn/wenda/u/71371036/answer.html
1301	https://www.mafengwo.cn/u/408490/note.html	https://www.mafengwo.cn/wenda/u/408490/answer.html
1302	https://www.mafengwo.cn/u/19240663/note.html	https://www.mafengwo.cn/wenda/u/19240663/answer.html
1303	https://www.mafengwo.cn/u/17518491/note.html	https://www.mafengwo.cn/wenda/u/17518491/answer.html
1304	https://www.mafengwo.cn/u/60165808/note.html	https://www.mafengwo.cn/wenda/u/60165808/answer.html
1305	https://www.mafengwo.cn/u/83026054/note.html	https://www.mafengwo.cn/wenda/u/83026054/answer.html
1306	https://www.mafengwo.cn/u/55881461/note.html	https://www.mafengwo.cn/wenda/u/55881461/answer.html
1307	https://www.mafengwo.cn/u/79862907/note.html	https://www.mafengwo.cn/wenda/u/79862907/answer.html
1308	https://www.mafengwo.cn/u/176219/note.html	https://www.mafengwo.cn/wenda/u/176219/answer.html

续 表

编码	游记链接地址	问答链接地址
1309	https://www.mafengwo.cn/u/91563118/note.html	https://www.mafengwo.cn/wenda/u/91563118/answer.html
1310	https://www.mafengwo.cn/u/5648699/note.html	https://www.mafengwo.cn/wenda/u/5648699/answer.html
1311	https://www.mafengwo.cn/u/53162290/note.html	https://www.mafengwo.cn/wenda/u/53162290/answer.html
1312	https://www.mafengwo.cn/u/85782763/note.html	https://www.mafengwo.cn/wenda/u/85782763/answer.html
1313	https://www.mafengwo.cn/u/43123189/note.html	https://www.mafengwo.cn/wenda/u/43123189/answer.html
1314	https://www.mafengwo.cn/u/50660872/note.html	https://www.mafengwo.cn/wenda/u/50660872/answer.html
1400	https://www.mafengwo.cn/u/81811739/note.html	https://www.mafengwo.cn/wenda/u/81811739/answer.html
1401	https://www.mafengwo.cn/u/739291/note.html	https://www.mafengwo.cn/wenda/u/739291/answer.html
1402	https://www.mafengwo.cn/u/482339/note.html	https://www.mafengwo.cn/wenda/u/482339/answer.html
1403	https://www.mafengwo.cn/u/17350472/note.html	https://www.mafengwo.cn/wenda/u/17350472/answer.html
110101	https://www.mafengwo.cn/u/237507/note.html	https://www.mafengwo.cn/wenda/u/237507/answer.html
110102	https://www.mafengwo.cn/u/940322/note.html	https://www.mafengwo.cn/wenda/u/940322/answer.html
110103	https://www.mafengwo.cn/u/360348/note.html	https://www.mafengwo.cn/wenda/u/360348/answer.html
110104	https://www.mafengwo.cn/u/221096/note.html	https://www.mafengwo.cn/wenda/u/221096/answer.html
110105	https://www.mafengwo.cn/u/210396/note.html	https://www.mafengwo.cn/wenda/u/210396/answer.html

续 表

编码	游记链接地址	问答链接地址
110301	https://www.mafengwo.cn/u/6106362/note.html	https://www.mafengwo.cn/wenda/u/6106362/answer.html
110302	https://www.mafengwo.cn/u/799727/note.html	https://www.mafengwo.cn/wenda/u/799727/answer.html
110303	https://www.mafengwo.cn/u/658466/note.html	https://www.mafengwo.cn/wenda/u/658466/answer.html
110304	https://www.mafengwo.cn/u/193656/note.html	https://www.mafengwo.cn/wenda/u/193656/answer.html
110305	https://www.mafengwo.cn/u/5083740/note.html	https://www.mafengwo.cn/wenda/u/5083740/answer.html
110306	https://www.mafengwo.cn/u/34957278/note.html	https://www.mafengwo.cn/wenda/u/34957278/answer.html
110307	https://www.mafengwo.cn/u/47448074/note.html	https://www.mafengwo.cn/wenda/u/47448074/answer.html
110308	https://www.mafengwo.cn/u/45066857/note.html	https://www.mafengwo.cn/wenda/u/45066857/answer.html
110309	https://www.mafengwo.cn/u/17713608/note.html	https://www.mafengwo.cn/wenda/u/17713608/answer.html
110310	https://www.mafengwo.cn/u/49583365/note.html	https://www.mafengwo.cn/wenda/u/49583365/answer.html
110311	https://www.mafengwo.cn/u/10107750/note.html	https://www.mafengwo.cn/wenda/u/10107750/answer.html
110312	https://www.mafengwo.cn/u/52233524/note.html	https://www.mafengwo.cn/wenda/u/52233524/answer.html
110313	https://www.mafengwo.cn/u/41586850/note.html	https://www.mafengwo.cn/wenda/u/41586850/answer.html
110314	https://www.mafengwo.cn/u/5013283/note.html	https://www.mafengwo.cn/wenda/u/5013283/answer.html
110315	https://www.mafengwo.cn/u/5295777/note.html	https://www.mafengwo.cn/wenda/u/5295777/answer.html

续 表

编码	游记链接地址	问答链接地址
110316	https://www.mafengwo.cn/u/5448621/note.html	https://www.mafengwo.cn/wenda/u/5448621/answer.html
110317	https://www.mafengwo.cn/u/92756801/note.html	https://www.mafengwo.cn/wenda/u/92756801/answer.html
110318	https://www.mafengwo.cn/u/5327755/note.html	https://www.mafengwo.cn/wenda/u/5327755/answer.html
110319	https://www.mafengwo.cn/u/5131692/note.html	https://www.mafengwo.cn/wenda/u/5131692/answer.html
110320	https://www.mafengwo.cn/u/17293033/note.html	https://www.mafengwo.cn/wenda/u/17293033/answer.html
110321	https://www.mafengwo.cn/u/80825723/note.html	https://www.mafengwo.cn/wenda/u/80825723/answer.html
110322	https://www.mafengwo.cn/u/52861906/note.html	https://www.mafengwo.cn/wenda/u/52861906/answer.html
110323	https://www.mafengwo.cn/u/17639643/note.html	https://www.mafengwo.cn/wenda/u/17639643/answer.html
110401	https://www.mafengwo.cn/u/64184027/note.html	https://www.mafengwo.cn/wenda/u/64184027/answer.html
110402	https://www.mafengwo.cn/u/203805/note.html	https://www.mafengwo.cn/wenda/u/203805/answer.html
110403	https://www.mafengwo.cn/u/41709922/note.html	https://www.mafengwo.cn/wenda/u/41709922/answer.html
110404	https://www.mafengwo.cn/u/81604128/note.html	https://www.mafengwo.cn/wenda/u/81604128/answer.html
110405	https://www.mafengwo.cn/u/10318998/note.html	https://www.mafengwo.cn/wenda/u/10318998/answer.html
110406	https://www.mafengwo.cn/u/92728016/note.html	https://www.mafengwo.cn/wenda/u/92728016/answer.html
110407	https://www.mafengwo.cn/u/19625460/note.html	https://www.mafengwo.cn/wenda/u/19625460/answer.html

续 表

编码	游记链接地址	问答链接地址
110408	https://www.mafengwo.cn/u/60022265/note.html	https://www.mafengwo.cn/wenda/u/60022265/answer.html
110409	https://www.mafengwo.cn/u/5133407/note.html	https://www.mafengwo.cn/wenda/u/5133407/answer.html
110410	https://www.mafengwo.cn/u/62599856/note.html	https://www.mafengwo.cn/wenda/u/62599856/answer.html
110411	https://www.mafengwo.cn/u/117575/note.html	https://www.mafengwo.cn/wenda/u/117575/answer.html
110412	https://www.mafengwo.cn/u/55914231/note.html	https://www.mafengwo.cn/wenda/u/55914231/answer.html
110413	https://www.mafengwo.cn/u/17092346/note.html	https://www.mafengwo.cn/wenda/u/17092346/answer.html
110414	https://www.mafengwo.cn/u/19922585/note.html	https://www.mafengwo.cn/wenda/u/19922585/answer.html
110415	https://www.mafengwo.cn/u/187814/note.html	https://www.mafengwo.cn/wenda/u/187814/answer.html
110416	https://www.mafengwo.cn/u/38315376/note.html	https://www.mafengwo.cn/wenda/u/38315376/answer.html
110417	https://www.mafengwo.cn/u/10704640/note.html	https://www.mafengwo.cn/wenda/u/10704640/answer.html
110418	https://www.mafengwo.cn/u/5203196/note.html	https://www.mafengwo.cn/wenda/u/5203196/answer.html
110419	https://www.mafengwo.cn/u/49208405/note.html	https://www.mafengwo.cn/wenda/u/49208405/answer.html
110420	https://www.mafengwo.cn/u/86494331/note.html	https://www.mafengwo.cn/wenda/u/86494331/answer.html
110421	https://www.mafengwo.cn/u/5076346/note.html	https://www.mafengwo.cn/wenda/u/5076346/answer.html
110422	https://www.mafengwo.cn/u/19259598/note.html	https://www.mafengwo.cn/wenda/u/19259598/answer.html

续 表

编码	游记链接地址	问答链接地址
110423	https://www.mafengwo.cn/u/5109761/note.html	https://www.mafengwo.cn/wenda/u/5109761/answer.html
110424	https://www.mafengwo.cn/u/664589/note.html	https://www.mafengwo.cn/wenda/u/664589/answer.html
110425	https://www.mafengwo.cn/u/59268948/note.html	https://www.mafengwo.cn/wenda/u/59268948/answer.html
110426	https://www.mafengwo.cn/u/43242697/note.html	https://www.mafengwo.cn/wenda/u/43242697/answer.html
110427	https://www.mafengwo.cn/u/5462065/note.html	https://www.mafengwo.cn/wenda/u/5462065/answer.html
110428	https://www.mafengwo.cn/u/5453695/note.html	https://www.mafengwo.cn/wenda/u/5453695/answer.html
110429	https://www.mafengwo.cn/u/17408811/note.html	https://www.mafengwo.cn/wenda/u/17408811/answer.html
110430	https://www.mafengwo.cn/u/50948302/note.html	https://www.mafengwo.cn/wenda/u/50948302/answer.html
110431	https://www.mafengwo.cn/u/39366237/note.html	https://www.mafengwo.cn/wenda/u/39366237/answer.html
110432	https://www.mafengwo.cn/u/35365436/note.html	https://www.mafengwo.cn/wenda/u/35365436/answer.html
110433	https://www.mafengwo.cn/u/41499954/note.html	https://www.mafengwo.cn/wenda/u/41499954/answer.html
110434	https://www.mafengwo.cn/u/19147850/note.html	https://www.mafengwo.cn/wenda/u/19147850/answer.html
110435	https://www.mafengwo.cn/u/5328159/note.html	https://www.mafengwo.cn/wenda/u/5328159/answer.html
110436	https://www.mafengwo.cn/u/10911951/note.html	https://www.mafengwo.cn/wenda/u/10911951/answer.html
110437	https://www.mafengwo.cn/u/86053525/note.html	https://www.mafengwo.cn/wenda/u/86053525/answer.html

续表

编码	游记链接地址	问答链接地址
110438	https://www.mafengwo.cn/u/56313879/note.html	https://www.mafengwo.cn/wenda/u/56313879/answer.html
110439	https://www.mafengwo.cn/u/80079939/note.html	https://www.mafengwo.cn/wenda/u/80079939/answer.html
110440	https://www.mafengwo.cn/u/5249082/note.html	https://www.mafengwo.cn/wenda/u/5249082/answer.html
110441	https://www.mafengwo.cn/u/75867238/note.html	https://www.mafengwo.cn/wenda/u/75867238/answer.html
110442	https://www.mafengwo.cn/u/5344207/note.html	https://www.mafengwo.cn/wenda/u/5344207/answer.html
110443	https://www.mafengwo.cn/u/5394477/note.html	https://www.mafengwo.cn/wenda/u/5394477/answer.html
110444	https://www.mafengwo.cn/u/5523121/note.html	https://www.mafengwo.cn/wenda/u/5523121/answer.html
110445	https://www.mafengwo.cn/u/83892786/note.html	https://www.mafengwo.cn/wenda/u/83892786/answer.html
110446	https://www.mafengwo.cn/u/5574088/note.html	https://www.mafengwo.cn/wenda/u/5574088/answer.html
110501	https://www.mafengwo.cn/u/88358953/note.html	https://www.mafengwo.cn/wenda/u/88358953/answer.html
110502	https://www.mafengwo.cn/u/5110334/note.html	https://www.mafengwo.cn/wenda/u/5110334/answer.html
110503	https://www.mafengwo.cn/u/75334068/note.html	https://www.mafengwo.cn/wenda/u/75334068/answer.html
110504	https://www.mafengwo.cn/u/37311913/note.html	https://www.mafengwo.cn/wenda/u/37311913/answer.html
110505	https://www.mafengwo.cn/u/528264/note.html	https://www.mafengwo.cn/wenda/u/528264/answer.html
110506	https://www.mafengwo.cn/u/5670702/note.html	https://www.mafengwo.cn/wenda/u/5670702/answer.html

续　表

编码	游记链接地址	问答链接地址
110507	https://www.mafengwo.cn/u/85473555/note.html	https://www.mafengwo.cn/wenda/u/85473555/answer.html
110508	https://www.mafengwo.cn/u/80592905/note.html	https://www.mafengwo.cn/wenda/u/80592905/answer.html
110509	https://www.mafengwo.cn/u/87670107/note.html	https://www.mafengwo.cn/wenda/u/87670107/answer.html
110510	https://www.mafengwo.cn/u/47013030/note.html	https://www.mafengwo.cn/wenda/u/47013030/answer.html
110511	https://www.mafengwo.cn/u/79167497/note.html	https://www.mafengwo.cn/wenda/u/79167497/answer.html
110512	https://www.mafengwo.cn/u/93296829/note.html	https://www.mafengwo.cn/wenda/u/93296829/answer.html
110513	https://www.mafengwo.cn/u/72512443/note.html	https://www.mafengwo.cn/wenda/u/72512443/answer.html
110514	https://www.mafengwo.cn/u/5050072/note.html	https://www.mafengwo.cn/wenda/u/5050072/answer.html
110515	https://www.mafengwo.cn/u/65283394/note.html	https://www.mafengwo.cn/wenda/u/65283394/answer.html
110516	https://www.mafengwo.cn/u/56338006/note.html	https://www.mafengwo.cn/wenda/u/56338006/answer.html
110517	https://www.mafengwo.cn/u/814051/note.html	https://www.mafengwo.cn/wenda/u/814051/answer.html
110518	https://www.mafengwo.cn/u/88260688/note.html	https://www.mafengwo.cn/wenda/u/88260688/answer.html
110519	https://www.mafengwo.cn/u/70003943/note.html	https://www.mafengwo.cn/wenda/u/70003943/answer.html
110520	https://www.mafengwo.cn/u/93795591/note.html	https://www.mafengwo.cn/wenda/u/93795591/answer.html
110521	https://www.mafengwo.cn/u/93844944/note.html	https://www.mafengwo.cn/wenda/u/93844944/answer.html

续 表

编码	游记链接地址	问答链接地址
110601	https://www.mafengwo.cn/u/81676700/note.html	https://www.mafengwo.cn/wenda/u/81676700/answer.html
110602	https://www.mafengwo.cn/u/48185046/note.html	https://www.mafengwo.cn/wenda/u/48185046/answer.html
110603	https://www.mafengwo.cn/u/86995604/note.html	https://www.mafengwo.cn/wenda/u/86995604/answer.html
110604	https://www.mafengwo.cn/u/38551864/note.html	https://www.mafengwo.cn/wenda/u/38551864/answer.html
110605	https://www.mafengwo.cn/u/66854107/note.html	https://www.mafengwo.cn/wenda/u/66854107/answer.html
110606	https://www.mafengwo.cn/u/83338921/note.html	https://www.mafengwo.cn/wenda/u/83338921/answer.html
110607	https://www.mafengwo.cn/u/45577417/note.html	https://www.mafengwo.cn/wenda/u/45577417/answer.html
110608	https://www.mafengwo.cn/u/71409809/note.html	https://www.mafengwo.cn/wenda/u/71409809/answer.html
110609	https://www.mafengwo.cn/u/5695456/note.html	https://www.mafengwo.cn/wenda/u/5695456/answer.html
110610	https://www.mafengwo.cn/u/84331121/note.html	https://www.mafengwo.cn/wenda/u/84331121/answer.html
110611	https://www.mafengwo.cn/u/53271190/note.html	https://www.mafengwo.cn/wenda/u/53271190/answer.html
110612	https://www.mafengwo.cn/u/197109/note.html	https://www.mafengwo.cn/wenda/u/197109/answer.html
110613	https://www.mafengwo.cn/u/37611417/note.html	https://www.mafengwo.cn/wenda/u/37611417/answer.html
110614	https://www.mafengwo.cn/u/45452078/note.html	https://www.mafengwo.cn/wenda/u/45452078/answer.html
110615	https://www.mafengwo.cn/u/5363625/note.html	https://www.mafengwo.cn/wenda/u/5363625/answer.html

续 表

编码	游记链接地址	问答链接地址
110616	https://www.mafengwo.cn/u/69932798/note.html	https://www.mafengwo.cn/wenda/u/69932798/answer.html
110701	https://www.mafengwo.cn/u/12814/note.html	https://www.mafengwo.cn/wenda/u/12814/answer.html
110702	https://www.mafengwo.cn/u/369622/note.html	https://www.mafengwo.cn/wenda/u/369622/answer.html
110703	https://www.mafengwo.cn/u/53504053/note.html	https://www.mafengwo.cn/wenda/u/53504053/answer.html
110704	https://www.mafengwo.cn/u/5350202/note.html	https://www.mafengwo.cn/wenda/u/5350202/answer.html
110705	https://www.mafengwo.cn/u/5639565/note.html	https://www.mafengwo.cn/wenda/u/5639565/answer.html
110706	https://www.mafengwo.cn/u/17465397/note.html	https://www.mafengwo.cn/wenda/u/17465397/answer.html
110801	https://www.mafengwo.cn/u/186014/note.html	https://www.mafengwo.cn/wenda/u/186014/answer.html
110802	https://www.mafengwo.cn/u/40036836/note.html	https://www.mafengwo.cn/wenda/u/40036836/answer.html
110803	https://www.mafengwo.cn/u/5115110/note.html	https://www.mafengwo.cn/wenda/u/5115110/answer.html
110804	https://www.mafengwo.cn/u/42643231/note.html	https://www.mafengwo.cn/wenda/u/42643231/answer.html
110901	https://www.mafengwo.cn/u/10345585/note.html	https://www.mafengwo.cn/wenda/u/10345585/answer.html
110902	https://www.mafengwo.cn/u/93667942/note.html	https://www.mafengwo.cn/wenda/u/93667942/answer.html
110903	https://www.mafengwo.cn/u/42098572/note.html	https://www.mafengwo.cn/wenda/u/42098572/answer.html
110904	https://www.mafengwo.cn/u/771392/note.html	https://www.mafengwo.cn/wenda/u/771392/answer.html

续表

编码	游记链接地址	问答链接地址
110905	https://www.mafengwo.cn/u/19339208/note.html	https://www.mafengwo.cn/wenda/u/19339208/answer.html
111001	https://www.mafengwo.cn/u/12214/note.html	https://www.mafengwo.cn/wenda/u/12214/answer.html
111002	https://www.mafengwo.cn/u/17098214/note.html	https://www.mafengwo.cn/wenda/u/17098214/answer.html
111003	https://www.mafengwo.cn/u/19569557/note.html	https://www.mafengwo.cn/wenda/u/19569557/answer.html
111004	https://www.mafengwo.cn/u/73953374/note.html	https://www.mafengwo.cn/wenda/u/73953374/answer.html
111005	https://www.mafengwo.cn/u/47086031/note.html	https://www.mafengwo.cn/wenda/u/47086031/answer.html
111006	https://www.mafengwo.cn/u/1000373/note.html	https://www.mafengwo.cn/wenda/u/1000373/answer.html
111101	https://www.mafengwo.cn/u/5206140/note.html	https://www.mafengwo.cn/wenda/u/5206140/answer.html
111102	https://www.mafengwo.cn/u/5037827/note.html	https://www.mafengwo.cn/wenda/u/5037827/answer.html
111201	https://www.mafengwo.cn/u/10052739/note.html	https://www.mafengwo.cn/wenda/u/10052739/answer.html
111301	https://www.mafengwo.cn/u/50936495/note.html	https://www.mafengwo.cn/wenda/u/50936495/answer.html
111302	https://www.mafengwo.cn/u/5293624/note.html	https://www.mafengwo.cn/wenda/u/5293624/answer.html
111303	https://www.mafengwo.cn/u/45974285/note.html	https://www.mafengwo.cn/wenda/u/45974285/answer.html
111304	https://www.mafengwo.cn/u/64486912/note.html	https://www.mafengwo.cn/wenda/u/64486912/answer.html
111401	https://www.mafengwo.cn/u/5051603/note.html	https://www.mafengwo.cn/wenda/u/5051603/answer.html

续表

编码	游记链接地址	问答链接地址
111402	https://www.mafengwo.cn/u/385069/note.html	https://www.mafengwo.cn/wenda/u/385069/answer.html
111403	https://www.mafengwo.cn/u/972739/note.html	https://www.mafengwo.cn/wenda/u/972739/answer.html
111501	https://www.mafengwo.cn/u/71772543/note.html	https://www.mafengwo.cn/wenda/u/71772543/answer.html
111502	https://www.mafengwo.cn/u/32414652/note.html	https://www.mafengwo.cn/wenda/u/32414652/answer.html
111601	https://www.mafengwo.cn/u/51507542/note.html	https://www.mafengwo.cn/wenda/u/51507542/answer.html
130101	https://www.mafengwo.cn/u/64553522/note.html	https://www.mafengwo.cn/wenda/u/64553522/answer.html
130102	https://www.mafengwo.cn/u/834034/note.html	https://www.mafengwo.cn/wenda/u/834034/answer.html
130103	https://www.mafengwo.cn/u/17195542/note.html	https://www.mafengwo.cn/wenda/u/17195542/answer.html
130104	https://www.mafengwo.cn/u/543967/note.html	https://www.mafengwo.cn/wenda/u/543967/answer.html
130105	https://www.mafengwo.cn/u/91567854/note.html	https://www.mafengwo.cn/wenda/u/91567854/answer.html
130106	https://www.mafengwo.cn/u/89349896/note.html	https://www.mafengwo.cn/wenda/u/89349896/answer.html
130201	https://www.mafengwo.cn/u/5017124/note.html	https://www.mafengwo.cn/wenda/u/5017124/answer.html
130202	https://www.mafengwo.cn/u/87804664/note.html	https://www.mafengwo.cn/wenda/u/87804664/answer.html
130203	https://www.mafengwo.cn/u/19695107/note.html	https://www.mafengwo.cn/wenda/u/19695107/answer.html
130301	https://www.mafengwo.cn/u/56910843/note.html	https://www.mafengwo.cn/wenda/u/56910843/answer.html

续 表

编码	游记链接地址	问答链接地址
130302	https://www.mafengwo.cn/u/84469188/note.html	https://www.mafengwo.cn/wenda/u/84469188/answer.html
130401	https://www.mafengwo.cn/u/277663/note.html	https://www.mafengwo.cn/wenda/u/277663/answer.html
130402	https://www.mafengwo.cn/u/52131451/note.html	https://www.mafengwo.cn/wenda/u/52131451/answer.html
130403	https://www.mafengwo.cn/u/60825210/note.html	https://www.mafengwo.cn/wenda/u/60825210/answer.html
130501	https://www.mafengwo.cn/u/317574/note.html	https://www.mafengwo.cn/wenda/u/317574/answer.html
130601	https://www.mafengwo.cn/u/93573883/note.html	https://www.mafengwo.cn/wenda/u/93573883/answer.html
130701	https://www.mafengwo.cn/u/74231765/note.html	https://www.mafengwo.cn/wenda/u/74231765/answer.html
130702	https://www.mafengwo.cn/u/66406556/note.html	https://www.mafengwo.cn/wenda/u/66406556/answer.html
130901	https://www.mafengwo.cn/u/17323678/note.html	https://www.mafengwo.cn/wenda/u/17323678/answer.html
131301	https://www.mafengwo.cn/u/30727646/note.html	https://www.mafengwo.cn/wenda/u/30727646/answer.html
131302	https://www.mafengwo.cn/u/37845866/note.html	https://www.mafengwo.cn/wenda/u/37845866/answer.html
131303	https://www.mafengwo.cn/u/139717/note.html	https://www.mafengwo.cn/wenda/u/139717/answer.html
131304	https://www.mafengwo.cn/u/85667475/note.html	https://www.mafengwo.cn/wenda/u/85667475/answer.html
131401	https://www.mafengwo.cn/u/86540004/note.html	https://www.mafengwo.cn/wenda/u/86540004/answer.html
131402	https://www.mafengwo.cn/u/45565821/note.html	https://www.mafengwo.cn/wenda/u/45565821/answer.html

续　表

编码	游记链接地址	问答链接地址
131403	https://www.mafengwo.cn/u/91645459/note.html	https://www.mafengwo.cn/wenda/u/91645459/answer.html
140201	https://www.mafengwo.cn/u/795394/note.html	https://www.mafengwo.cn/wenda/u/795394/answer.html
140202	https://www.mafengwo.cn/u/398927/note.html	https://www.mafengwo.cn/wenda/u/398927/answer.html
140203	https://www.mafengwo.cn/u/576642/note.html	https://www.mafengwo.cn/wenda/u/576642/answer.html
140301	https://www.mafengwo.cn/u/265648/note.html	https://www.mafengwo.cn/wenda/u/265648/answer.html
140302	https://www.mafengwo.cn/u/285787/note.html	https://www.mafengwo.cn/wenda/u/285787/answer.html
140303	https://www.mafengwo.cn/u/159132/note.html	https://www.mafengwo.cn/wenda/u/159132/answer.html
140304	https://www.mafengwo.cn/u/376267/note.html	https://www.mafengwo.cn/wenda/u/376267/answer.html
140305	https://www.mafengwo.cn/u/347783/note.html	https://www.mafengwo.cn/wenda/u/347783/answer.html
140306	https://www.mafengwo.cn/u/623102/note.html	https://www.mafengwo.cn/wenda/u/623102/answer.html
140307	https://www.mafengwo.cn/u/1975533/note.html	https://www.mafengwo.cn/wenda/u/1975533/answer.html
140308	https://www.mafengwo.cn/u/468300/note.html	https://www.mafengwo.cn/wenda/u/468300/answer.html
140309	https://www.mafengwo.cn/u/19062143/note.html	https://www.mafengwo.cn/wenda/u/19062143/answer.html
140310	https://www.mafengwo.cn/u/343756/note.html	https://www.mafengwo.cn/wenda/u/343756/answer.html
140311	https://www.mafengwo.cn/u/365307/note.html	https://www.mafengwo.cn/wenda/u/365307/answer.html